建筑工程数字设计系列丛书

建筑 BIM 正向设计实战

季如艳　张展毫　费金亭　主编

中国建筑工业出版社

图书在版编目（CIP）数据

建筑 BIM 正向设计实战 / 季如艳，张展毫，费金亭主编. — 北京：中国建筑工业出版社，2024.1（2024.9重印）
（建筑工程数字设计系列丛书）
ISBN 978-7-112-29302-5

Ⅰ.①建⋯　Ⅱ.①季⋯②张⋯③费⋯　Ⅲ.①建筑设计-计算机辅助设计-应用软件　Ⅳ.①TU201.4

中国国家版本馆 CIP 数据核字（2023）第 213745 号

　　本书以 BIM 建筑正向设计为最终目标，以 Revit2019 软件为载体，根据中国建筑西南设计研究院有限公司丰富的正向设计成功实践经验，以实际项目的数字化设计过程为线索，详细讲述了 BIM 建筑正向设计和制图、出图要点以及在 Revit2019 软件中的实现方法，提供了一套完整的在建筑工程领域中具有普适性的 BIM 正向设计解决方案。

　　本书浅显易懂，逻辑严密，填补了目前市场上缺少 BIM 正向设计解决方案的空白，能够帮助广大设计人员建立完整的 BIM 正向设计流程与方法，为在正向设计中遇到的实际问题提供解决方案，为大专院校建筑专业师生和其他 BIM 从业人员提供有效参考。

责任编辑：戚琳琳　率　琦
责任校对：张　颖

建筑工程数字设计系列丛书
建筑 BIM 正向设计实战
季如艳　张展毫　费金亭　主编

*

中国建筑工业出版社出版、发行（北京海淀三里河路 9 号）
各地新华书店、建筑书店经销
北京科地亚盟排版公司制版
建工社（河北）印刷有限公司印刷

*

开本：787 毫米 ×1092 毫米　1/16　印张：14¼　字数：349 千字
2023 年 12 月第一版　　2024 年 9 月第二次印刷
定价：**65.00** 元
ISBN 978-7-112-29302-5
（42005）

"建筑工程数字设计系列丛书"编写指导委员会

主　任：龙卫国

副主任：陈　勇　蒋晓红　白　翔

委　员：方长建　孙　浩　季如艳　张廷学　周　璟

　　　　陈荣锋　徐　慧　伍　庶　刘光胜　徐建兵

　　　　杨　玲　革　非　王永炜　赵广坡　袁春林

　　　　钟光浒　康永君　涂　敏　靳雨欣　丁新东

　　　　郑　宇　倪先茂　刘希臣　花文青　刘　乔

《建筑 BIM 正向设计实战》编写委员会

主　编：季如艳　张展毫　费金亭

编　委：中国建筑西南设计研究院有限公司（CSWADI）

　　　　徐　慧　李锦磊　宋　姗　吴明奇　李润业

　　　　杨烨安　温忠军　唐　琪　刘仕婷　吴少敏

　　　　陈文静　曾开发　罗泽坤

序 一

当前，数字化技术方兴未艾，正在深刻地改变甚至颠覆建筑设计行业原有的生产方式和竞争格局。国家在"十四五"规划中明确提出要"加快数字化发展，建设数字中国"，国务院国资委要求"加快推进国有企业数字化转型工作"。对于建筑设计行业特别是国有建筑设计咨询企业，加快数字化转型，不仅是全面贯彻落实上级工作要求的政治自觉，更是推动企业持续、健康、高质量发展的现实需要。

中国建筑西南设计研究院有限公司历来十分重视 BIM 和数字化等新型信息技术的研究、应用和推广，坚持以"中建136工程"为统揽，以数字设计院为目标，企业决策层制定发展战略，信息化管理部、数字化专项委员会结合实践制定年度计划和管理办法，数字创新设计研究中心先行先试，探索适合企业 BIM 和数字化的发展路径，生产院、专业院所、中心工作室、各分支机构等逐步扩大 BIM 正向设计和数字化应用的比重。近十年来，我们投入了大量的人力物力，承担了"十三五"国家重点研发计划——"绿色施工与智慧建造关键技术"项目以及多个省部级数字化相关科研项目的研发工作，同时，企业累计支撑的 BIM 及数字化方面的科研课题已超过40项，累计投入超过5000万元，采用 BIM 正向设计或数字化的项目达到300余项，主编、参编 BIM 行业和地方标准10余部，建立了企业级数字设计云平台和数字资源库，为企业的数字化转型奠定了坚实的基础。

数字转型，共赢未来。为促进行业交流，抢抓机遇，发展共赢，中建西南院组织编写了"建筑工程数字设计系列丛书"。《建筑 BIM 正向设计实战》是系列丛书的重要组成部分，本书的作者是中建西南院数字创新设计研究中心建筑师，也是建设"数字设计院"的主要推动者，在建筑设计方面具有多年的专业设计功底和丰富的项目实践经验，熟练掌握各种数字化软件的综合应用，将数字化手段充分应用到建筑设计中，实现了基于 BIM 的三维协同设计流程再造，为企业的数字设计云平台建设和数字设计资源库建设起到了关键作用。本书系统总结了建筑专业作为项目的牵头专业，在正向设计方面的协同组织、案例实践和场景应用等方面的经验做法，必将为推动行业高质量发展起到重要的参考作用。

中国建筑集团副总工程师
中国建筑西南设计研究院有限公司首席总工程师（原党委书记、董事长） 龙卫国
2022年9月

序 二

当今世界，新一轮科技革命和产业变革蓬勃发展，全球经济正加速步入数字时代。BIM、4G/5G、IoT、AI等新一代信息技术和机器人等相关设备的快速发展和广泛应用，形成了数字世界与物理世界的交错融合和数据驱动发展的新局面，正在引起生产方式、生活方式、思维方式以及治理方式的深刻革命。

建筑企业顺应数字时代发展潮流，把握数字中国建设机遇，加快推动数字化转型升级，不仅是改变高消耗、高排放、粗放型传统产业现状的重要途径，而且是建筑企业增强竞争力、打造新优势，提升"中国建造"水平、实现高质量发展的核心要求。数字化转型是利用数字化技术推动企业提升技术能力，改变生产方式，转变业务模式、组织架构、企业文化等的变革措施，其中，实现数字化是基础，特别是BIM技术的出现，为企业集约经营、项目精益管理等的落地提供了更有效的手段。

BIM技术在促进建筑各专业人员整合、提升建筑产品品质方面发挥的作用与日俱增，它将人员、系统和实践全部集成到一个由数据驱动的流程中，使所有参与者充分发挥自己的智慧，可在设计、加工和施工等所有阶段优化项目、减少浪费并最大限度地提高效率。BIM不仅是一种信息技术，已经开始影响到建设项目的整个工作流程，而且对企业的管理和生产起到变革作用。我们相信，随着越来越多的行业从业者掌握和实践BIM技术，BIM必将发挥更大的价值，带来更多的效益，为整个建筑行业的跨越式发展提供有力的技术支撑。

近年来，中国建筑集团持续立项对BIM集成应用和产业化进行深入研究，结合中建投资、设计、施工和运维"四位一体"的企业特点，对工程项目BIM应用的关键技术、组织模式、业务流程、标准规范和应用方法等进行了系统研究，建立了适合企业特点的BIM软件集成方案和基于BIM的设计与施工项目组织新模式及应用流程，经过近十年的持续研究和工程实践，形成了完善的企业BIM应用顶层设计架构、技术体系和实施方案，为企业变革和可持续发展注入了新的活力。

中建西南院作为中建的骨干设计企业，在"十三五"国家科技支撑计划项目研究中取得了可喜成果，开发了设计企业智慧建造集成应用系统，建立了企业级标准体系，培养了大量BIM管理和技术人才，开展了示范工程建设，大幅提高了BIM设计项目的比重，在企业数字化转型升级进程中迈出了坚实一步。

本书为"十三五"国家科技支撑计划项目系列著作之一。作者结合多年实践和大量项目实例分析，对设计企业建筑设计工作者如何利用Revit进行BIM设计进行了详细论述，对有意推广BIM技术的设计企业和设计人员具有很好的参考价值。

中国建筑集团首席专家 李云贵

2022年8月

序 三

Autodesk Revit 是欧特克公司针对工程建设行业推出的三维参数化 BIM 软件。2012年，欧特克公司从事软件开发的工程师团队编写出版了《Autodesk Revit Architecture 2012 官方标准教程》，在国内 BIM 发展的初期阶段，该教程在很大程度上帮助行业中从事设计、施工、管理的建筑师掌握 BIM 建筑设计的基本技能和协作原理。但之后很长一段时间里受限于企业数字化水平、地方施工图审查要求和相关法律法规，BIM 正向设计在实际项目中的应用推广进展缓慢。

因工作之便，我曾与很多来自央企、地方国企、民营企业的建筑师有过深入沟通。总结来说，他们普遍认为开展 BIM 正向设计有以下三点优势：1）协作前置带来的效率提升。可以在项目前期进行多专业的深入沟通，提前预判各关键控制点的复杂情况，提供多种解决方案，避免后续的返工和改图，减少大量施工阶段的配合工作；2）和甲方沟通的效果提升。建筑专业作为龙头专业，要了解甲方的需求，再将需求落实到各个配合专业。BIM 的可视化效果提升了甲方对设计意图的理解，BIM 的精细化程度提升了甲方对项目全生命周期的把控，从而使得建筑师能更彻底、更全面地沟通和落地甲方的需求，提升履约能力；3）设计质量的提升。BIM 正向设计决定了各专业设计深度的提升，尤其是机电专业的设计成果和施工阶段的技术要求均可在建筑和结构专业出图前达到足够的深度，形成正向反馈，使建筑设计更加准确，避免了反复提资和修改带来的问题。

既然 BIM 正向设计有这样显著的优势，为何在工程行业全面推广时进展却不尽如人意呢？我认为有三方面的原因：第一是 BIM 正向设计从根本上改变了传统 CAD 设计的思路和工作流程，设计工具的技术进步，使原来单兵作战的阶段式二维设计转变为协同作战的互动式三维设计，这势必需要新型的设计流程和管理流程匹配，才能最大限度地发挥 BIM 正向设计的优势。第二是 BIM 的价值体现，只有当 BIM 的数据在工程项目全生命周期各阶段流转起来、应用起来，才能实现 BIM 效益的最大化，而这意味着行业协作、生产流程和交付成果都需迎来相应的变革。第三是 Revit 作为全球通用的 BIM 设计软件，需要进行符合企业设计习惯的基础设置，包括项目设置、视图样板设置、出图样板设置、族库设置等，必要时还需配合一定的软件操作技巧和二次开发工具，以达到期望的效率和效果。

《建筑 BIM 正向设计实战》一书正是从这三个方面为建筑专业工程人员提供了全新的思路，为建筑设计师的数字化转型铺平道路。本书从项目实践出发，介绍了使用 Revit 工具软件定制符合建筑专业设计的样板流程，通过技巧分享、问题剖析和流程重塑详述了从构件级到项目级的 BIM 建筑正向设计经验。同时结合中建西南院的设计协同和设校审流程，分享了基于 BIM 的专业校审优点和技巧、正向设计管控要点、协同组织方式等宝贵经验。是一本指导建筑专业设计师从 CAD 二维设计向 BIM 三维设计转型的好书！感谢编者们十年来在国内 BIM 技术推广第一线付出的努力和汗水，致敬他们为此书付出的心血！十年磨剑，倾囊相授，希望读者能在阅读本书的过程中收获金玉，共同为建筑设计的数字化变革贡献一份力量。

欧特克软件公司大中华区技术总监　罗海涛

2022 年 7 月

前　言

随着我国城镇化率的迅速攀升，城市化进程正逐渐进入稳定发展阶段。建筑行业已成为国家经济市场的重要组成部分，以 2019 年为例，建筑业总产值就占据了国内生产总值的四分之一，为国家经济的发展作出了巨大贡献。然而，建筑行业也面临着日益复杂的项目需求和竞争压力，因此，迫切需要深度应用数字化技术来推动行业升级。

在政策导向方面，党的十九届五中全会明确提出要加快数字化发展，推动数字化转型成为建筑业企业实践新发展理念、提升管理效能的重要变革。对于建筑设计企业来说，基于数字化的设计流程建构可以实现设计模式创新，提高质量和效率，创新业务模式，为产业链提供信息流通的载体，丰富行业的数字化生态，从而保障绿色低碳、集约适度的城乡建设发展新格局。

现代信息技术为建筑业发展注入了新的动力，数字化技术的应用实现了工程建设各相关方之间的信息共享和协同工作，提质增效，并促进了各方之间的合作和协调。

本套丛书从设计企业数字化转型的角度出发，系统地阐述了建筑正向设计流程、数字化协同、正向设计出图以及数字化应用的相关技术。书中将大型公共建筑作为典型应用案例，对工程设计阶段的方法革新进行了系统的探讨与研究。

本书共 10 章，主要内容如下：

第 1 章介绍了 BIM 正向设计及其主要软件 Autodesk Revit；

第 2 章介绍了项目样板、族库等 BIM 设计数字资源的建设要点；

第 3 章介绍了 BIM 正向设计项目中对目标、流程、组织等方面的策划；

第 4 章介绍了专业内、专业间、软件间等方面在 BIM 正向设计中的协同方法；

第 5 章介绍了建筑专业 BIM 正向设计中常用的设计制图方法；

第 6 章介绍了对 BIM 设计成果的多样化校审方式；

第 7 章介绍了建筑工程项目若干基于 BIM 的数字化应用；

第 8 章介绍了多样化的建筑工程项目 BIM 设计成果交付；

第 9 章介绍了部分优秀的 BIM 设计插件及软件；

第 10 章介绍了 Revit 在使用中的技巧方法。

编委会成员均为中国建筑西南设计研究院有限公司的一线数字化设计工程师，拥有丰富的专业设计经验、多种三维及 BIM 软件操作能力、Revit 软件建模能力以及二次开发经验。提供的案例都是多年来建筑工程项目中实际应用的 BIM 正向设计案例，旨在解决工程实践中的实际问题。希望本书能够帮助建筑设计从业人员进入数字设计的大门，同时激发 BIM 设计从业人员的信心。让我们共同努力，夯实 BIM 基础，通过不断的研究和实践，逐步完善 BIM 这条高效信息通道的生态链建设。

BIM 技术日新月异，加之写作时间有限，文中难免有疏漏之处。欢迎读者通过电子邮件 180468073@qq.com 与作者讨论交流，共同为我国建筑行业的数字化转型添砖加瓦。

目 录

1.1 正向设计概述

为响应建筑行业数字化、网络化、智能化建设的需求，各地政府相继出台了建筑工程信息化应用管理的政策，提倡在工程中广泛应用建筑信息模型，促进新的设计方式和数字化应用的蓬勃发展。在建筑工程设计中，常见的 BIM 应用形式主要包括"设计图纸→翻模"后的碰撞检查、管线综合、净高分析等。

而"正向设计"是通过工程协同设计流程再造和新的协同模式的建立，基于共享的 BIM 设计模型作为协作环境，实现设计团队、施工团队和其他相关方之间的数据共享和协同工作。它强调模型、数据与设计之间的紧密关联，加强了数据交互的实时性，提高了设计决策的科学性，提升了工程设计质量的可靠性。此外，它还注重确保模型和数据在工程全生命周期中的可用性、易用性和可管理性。

本书主要以 Revit 作为正向设计的协同软件进行阐述。

1.2 Revit 软件概述

Revit 软件于 2000 年发布，采用了当时非常新颖的 Family Editor（族编辑器，Family 也可以理解为对象）的视觉参数化建模方式，如图 1.2-1 所示，这种方式让建模对象的参数/属性以直观的图像方式显示，参数/属性与模型构件的交互，为知识沉淀和积累提供了便利。

早期的 Revit 建模界面，参数以一种显性的方式展示，可以直接添加和编辑。Revit 这种建模特质，为后面"BIM"的出现奠定了基础。

2002 年，Autodesk 收购 Revit，并在同年的白皮书中提出了 Building Information Modeling（BIM），赋予了 BIM "协同设计"与"构件驱动 CAD"（object-oriented CAD）的特征。在 Autodesk 最初给 BIM 的定义中，"精确"地对应了刚刚收购的 Revit 与 Buzzsaw 的功能。

如今 Revit 软件的更新迭代走过了 20 多个年头，最新的 2024 版也面世了，相对传统 CAD 来说，它有几个显著的优势：

（1）强大的联动功能：平面图、立面图、剖面图、明细表动态关联，一处修改，处处更新，自动避免传统 CAD 绘图环境下易犯的"错漏碰缺"低级错误。

（2）强大的协同功能：Revit 除了建筑、结构、机电专业建模功能外，还具有强大的多专业协同、远程协同功能。

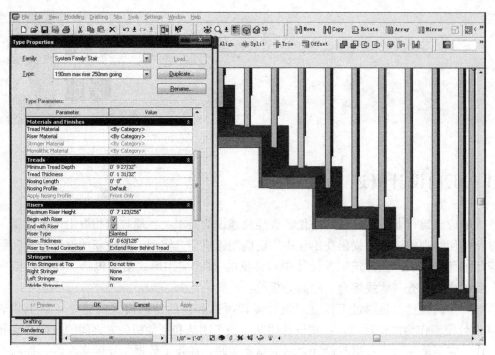

图 1.2-1　早期 Revit 建模界面图

图片来源：RevitCity.com

（3）强大的数据和信息承载和管理能力：Revit 可以自定义构件的各种额外属性，并导出信息，为项目概预算、过控、结算提供资料，资料的准确程度与建模的精确成正比；同时，通过强大的参数化驱动功能形成模型和数据的联动，进而形成项目数据的结构化，为项目的数据管理提供了有利条件。

（4）良好的软件生态圈：在 Autodesk 公司强大的运营能力下，Revit 构建了良好的软件生态圈。同时众多第三方厂家（橄榄山、红瓦、广联达等）在 Revit 上进行了二次开发或者提供了相应的数据对接功能，极大地提高了 Revit 的使用效率和运用广度以及与其他软件之间的兼容度。

但是 Revit 本身仍然有着很大的优化空间，如在较大模型项目中运行卡顿、机电复杂管线的衔接错误等问题。

作为一种工具，在当前特殊的国际背景下，我们必须意识到自主软件的重要性，具有多年国内外市场应用经验的 Autodesk、Bentley、Catia 三大 BIM 软件值得我们学习和借鉴。我们期待国产软件商能够早日推出功能完善的、拥有自主产权的 BIM 基础平台软件。

1.3　用户界面介绍

Revit 软件的主要界面包括有菜单栏、主窗口、属性栏、项目浏览器、视图样式控制栏。菜单栏及下拉菜单列表面板集成了软件主要的建模、绘图、协同设计的功能命令，如图 1.3-1 所示。

图 1.3-1　菜单栏面板

属性栏可通过选择软件中的对象元素查看、调整其所包含的属性信息，如图 1.3-2 所示。例如，楼层平面视图所包含的图形、底图、范围、标识数据、阶段化等。

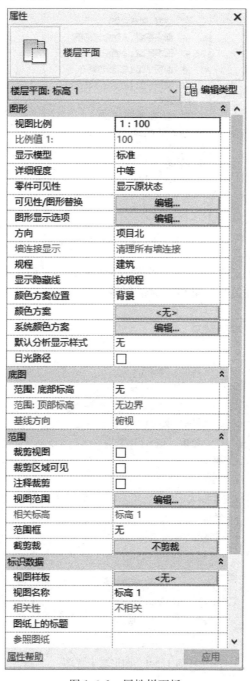

图 1.3-2　属性栏面板

图 1.3-3 中的项目浏览器包含视图、图例、明细表、图纸、族、组、链接文件等内容，浏览器结构可以进行自定义设置。

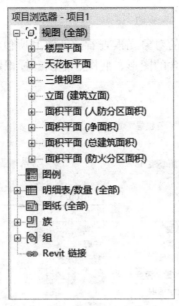

图 1.3-3　项目浏览器面板

视图样式控制栏位于主窗口下方，如图 1.3-4 所示，包括比例、显示详细程度、视觉样式、日光路径、阴影开关、渲染显示对话框等。

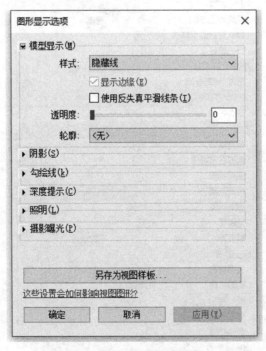

图 1.3-4　图形显示选项

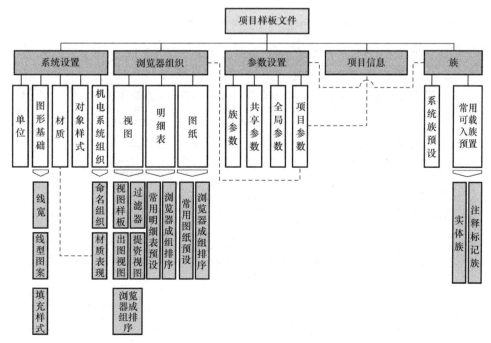

工欲善其事，必先利其器，无论二维设计还是三维设计，其相关的数字资源建设都是设计成功的关键因素。三维设计中，数字资源涵盖范围较广，主要包括：项目样板库、族库（含标准大样）、单元、效率工具库等。由若干上述资源形成正向设计的数字资源库，是三维正向设计推进落地的关键保障，其质量和数量显著地影响正向设计的成果品质、工作效率、设计成果向后端产业链延续的有效性。采用 BIM 技术的设计企业，需要建设符合行业、企业标准的数字资源库，或采用公用数字资源库。

2.1 项目样板

项目样板的制作，除了满足企业的设计管理和成果输出标准的需求外，还需对项目进行充分的分析和研究，根据项目的特点、项目组织方式、BIM 的应用目标和范围、技术标准和应用需求等，制定符合项目自身需求的项目样板。

Revit 的项目样板的格式（. rte）类似于 AutoCAD 的 . dwt 文件，是新建项目的起始文件。Revit 样板文件包含了如基本设置、视图设置、预设置、预载入族等符合企业标准和专业需求的若干综合设置和基础内容（图 2.1-1）。

图 2.1-1 项目样板文件主要设置和内容

图 2.1-2　单位设置

2.1.1　基本设置

1. 项目单位

点击 Revit 菜单中的"管理"➤"设置"➤"项目单位"。如图 2.1-2 所示，在弹出的【项目单位】对话框中按需要进行修改。

对话框上方通过"规程"的下拉菜单可选择不同的专业（注：Revit 中所谓"规程"即"专业"），建筑专业的单位设置集中在"公共"规程，主要包含长度、面积、体积、角度、坡度的单位精度设置。对于常用单位，取两位小数即可。

2. 线宽、线型图案、线样式、填充样式等

线宽设置：点击 Revit 菜单中的"管理"➤"设置"➤"其他设置"，在下拉菜单中点击"线宽"，在弹出的【线宽】对话框中按需进行编辑。分为模型、透视、注释三类线型宽度（图 2.1-3～图 2.1-5）。

图 2.1-3　模型线宽设置

图 2.1-4　透视视图线宽设置

图 2.1-5　注释线宽设置

Revit 提供了 16 种线宽可以进行预设，用户可在官方原始样板的基础上依据企业需求微调即可。Revit 支持的最细线宽为 0.025mm。

线型图案设置：点击 Revit 菜单中的"管理"➤"设置"➤"其他设置"，在下拉菜单中点击"线型图案"，在弹出的【线型图案】对话框中按需进行编辑。点击对话框中的"新建""编辑""删除"等按钮，即可调整全项目的线型图案。

线样式设置：点击 Revit 菜单中的"管理"➤"设置"➤"其他设置"，在下拉菜单中点击"线样式"，在弹出的【线样式】对话框中，结合上述线宽、线型图案设置的成果，即可对项目中使用的线样式（单独绘制的模型线或详图线的显示外观）进行编辑。

填充样式设置：点击 Revit 菜单中的"管理"➤"设置"➤"其他设置"，在下拉菜单中点击"填充样式"。如图 2.1-6 所示，在弹出的【填充样式】对话框中可见绘图、模型两种形式的填充图案类型，前者是基于图纸成果"密度"不变的填充，后者是基于真实世界"密度"不变填充。结合下方的"编辑""新建"等按钮，可调整全项目的填充图案样式，还可以从 .pat 文件导入 CAD 的填充样式和其他复杂的填充样式。

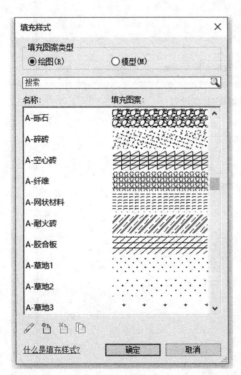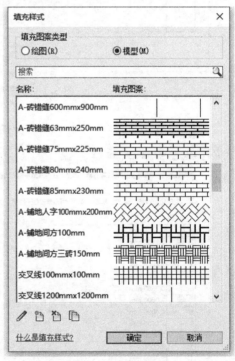

图 2.1-6　填充样式对话框：绘图和模型填充类型

上述设置是后续其他相关设置的图形显示基础。

3. 对象样式

Revit 视图中对各类对象的显示控制首先由对象样式的设置（第一层级控制）决定。

点击 Revit 菜单中的"管理"➤"设置"➤"对象样式"，在弹出的【对象样式】对话框中，分别对模型、注释、分析模型、导入四大类下的各类别对象进行按需设置，如各类别（及其次类别）对象的显示线宽、线颜色、线型图案等（图 2.1-7）。

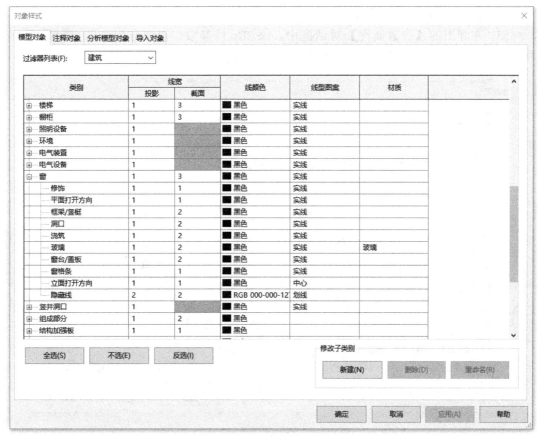

图 2.1-7　对象样式

2.1.2　项目浏览器

点击 Revit 菜单中的"视图"➤"窗口"➤"用户界面"。在弹出的下拉菜单中勾选或取消勾选，可开关"项目浏览器"窗口。

如图 2.1-8 所示，"项目浏览器"按一定的逻辑分别列出当前项目中的视图、图例、明细表、图纸、族等不同集合的内容。点击"＋"展开各集合时，将显示下一层内容。大型项目的项目浏览器可能包含数百个条目，默认的 Revit 的组织方式可能不便于查看和检索；Revit 允许用户对视图、明细表、图纸三个集合的内容依据使用习惯分别进行自定义组织，合理的自定义组织使得项目浏览器条目更加清晰。

以自定义组织"视图"集合为例：

第 1 步，添加参数：

（1）点击 Revit 菜单中的"管理"➤"设置"➤"项目参数"。

图 2.1-8　项目浏览器

9

（2）在弹出的【项目参数】对话框中点击"添加"。

（3）在弹出的【参数属性】对话框中，添加项目参数"视图分组主"，规程为"公共"，参数类型为"文字"，勾选"视图"类别，点击"确定"（图 2.1-9）。

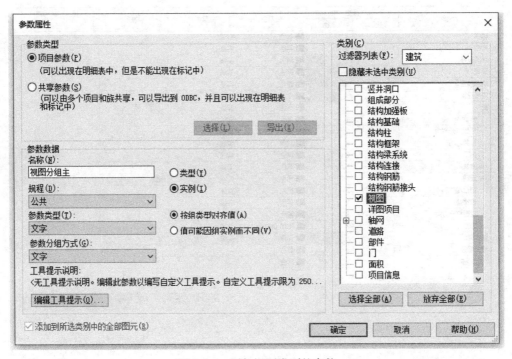

图 2.1-9　添加视图类别的参数

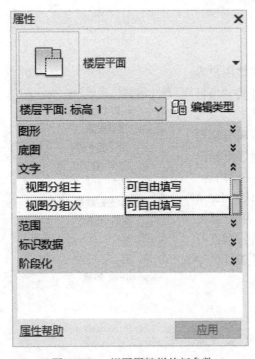

图 2.1-10　视图属性栏的新参数

（4）重复上述操作，添加项目参数"视图分组次"，点击"确定"

如图 2.1-10 所示，所有视图（平面、立面、剖面等）的属性中，可见新的参数"视图分组主"和"视图分组次"，其值可自由填写。

第 2 步，浏览器组织：

（1）右键点击"项目浏览器"中"视图"集合名称，在弹出的右键菜单中选择"浏览器组织"。

（2）如图 2.1-11 所示，在弹出的"浏览器组织"窗口中的"视图"页面下，点击"新建"，输入新的组织方案名字。

（3）勾选上一步创建的新组织方案后，点击"编辑"，在弹出的【浏览器组织属性】对话框"成组和排序"页下依次选择"视图分组主""视图分组次""类型"作为成组条件，点击"确定"直至完成设置（图 2.1-12）。

（4）结合上述设置和各视图中新添加参数

图 2.1-11　浏览器组织：添加方案

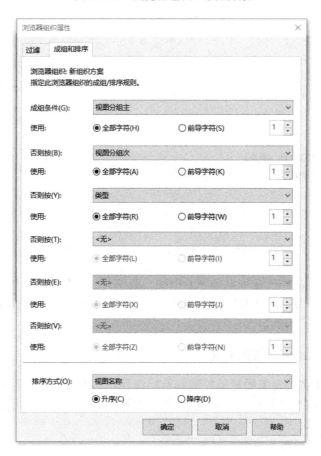

图 2.1-12　浏览器组织：设置新方案

的值，即可实现对"视图"集合更加合理的组织：视图先按用途分为建模过程使用的"01工作"、正式出图用的"02 出图"、专业间提资用"03 提资"等若干组，再按如设计人员名称划分次一级的分组，最后以视图类型（平面、立面、剖面等）划分最后一级的分组（图 2.1-13）。

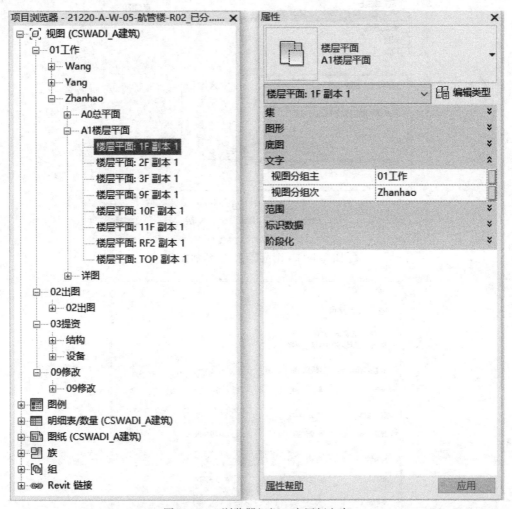

图 2.1-13 浏览器组织：应用新方案

以同样的原理和步骤可对项目浏览器中的"明细表"或"图纸"两个集合进行自定义组织，为设计便利服务。需注意的是，在第 1 步添加参数时，要将参数分别指定给正确的类别（"明细表"或"图纸"）。

2.1.3 可见性/图形、视图样板

Revit 对视图中各类对象的显示控制具有层级性："对象样式"是（全局）第一层级，从项目全局层面控制对象的显示；可见性/图形替换是（视图）第二层级，从视图层面进一步控制对象的显示。

1. 可见性/图形替换

点击 Revit 菜单中的"视图" ➤ "图形" ➤ "可见性/图形"

如图 2.1-14 所示，弹出的【可见性/图形替换】对话框界面与【对象样式】对话框类似。首先可分别对模型、注释、分析模型、导入四大类别（过滤器设置详见 2.1.4 节）下的各对象按需设置，默认的设置下为空，该项的视图显示以"对象样式"中的显示为准。当需要此项显示不一样的效果时，即可点击"替换…"按钮进行设置，点击不同的按钮，可分别弹出【线图形】、【填充样式图形】、【表面】对话框（图 2.1-15）。

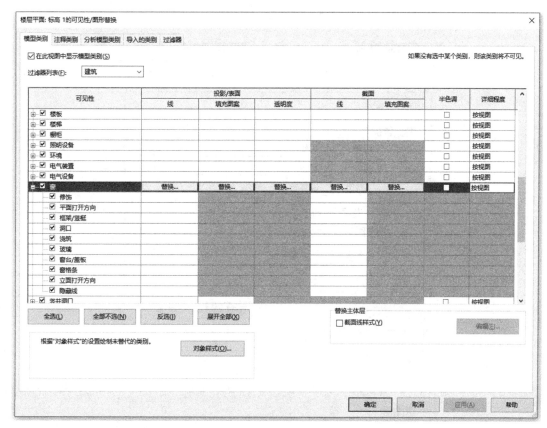

图 2.1-14　视图可见性/图形

除此之外，还可以对类别的半色调、详细程度进行设置。上述设置以及比例、总体详细程度、颜色方案等视图其他参数等可存储到"视图样板"中。

2. 视图样板

视图样板（view template）可以将可见性/图形替换等几乎所有视图显示相关的设置存储为预设置，并在设计过程中快速应用到不同的视图，以产生预设的显示效果（如建筑专业出图的平面与用于向机电提资的平面可使用不同的预设平面视图样板）。

点击 Revit 菜单中的"视图"➤"图形"➤"视图样板"。如图 2.1-16 所示，在弹出的下拉菜单中选择"从当前视图创建样板"，在弹出的【新视图样板】对话框中输入需要的名字，点击"确定"。

如图 2.1-17 所示，在弹出的【视图样板】对话框中，左侧为视图样板类型、种类及名称控制部分，右侧为视图样板具体设置部分：打勾的为被视图样板控制的部分，不打勾的为释放——各视图可独立编辑部分。

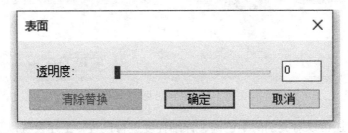

图 2.1-15　替换设置

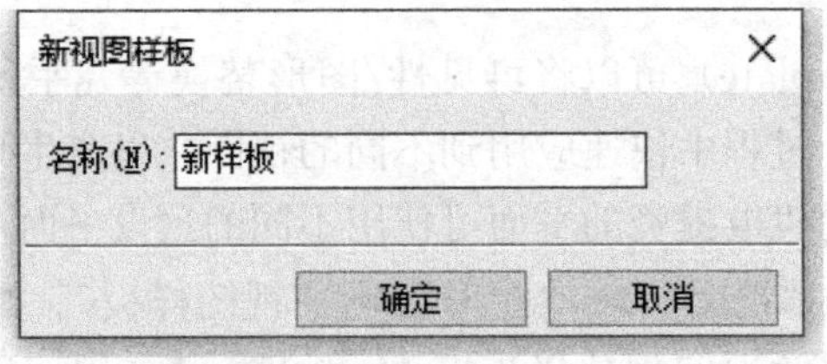

图 2.1-16　创建新视图样板

　　建筑专业的项目样板可预设部分本专业常用视图样板用于常规的出图、提资等作用。须知任何项目样板都不可能预设适用于所有项目的视图样板，使用者要依据项目需求在现有预设视图样板的基础上调整。

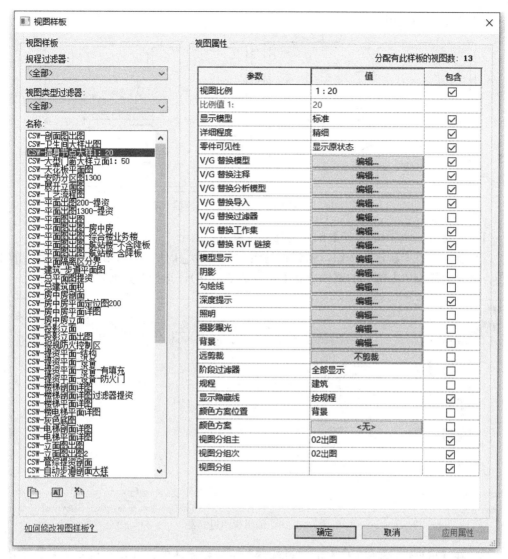

图 2.1-17　视图样板设置

　　点击 Revit 菜单中的"视图"➤"图形"➤"视图样板"。在弹出的下拉菜单中选择"将样板属性应用于当前视图",即可将已经预设好的视图样板应用到对应视图中,快速实现对视图对象的预设显示样式控制。

　　点击 Revit 菜单中的"视图"➤"图形"➤"视图样板"。在弹出的下拉菜单中选择"管理视图样板",可管理所有视图样板中的设置。

2.1.4　视图过滤器

　　视图过滤器是可见性/图形设置过程中的高级方式。过滤器分为参数过滤、选择集过滤两种:前者通过创建参数过滤器将具有相同属性(参数)的若干实例对象过滤出来;后者通过手动选定若干实例对象后创建选择集。最终目标是对过滤出来的实例对象进行显示控制,如将内墙实体填充为灰色,或将手动选择的门用虚线显示。

如图 2.1-18 实例中：

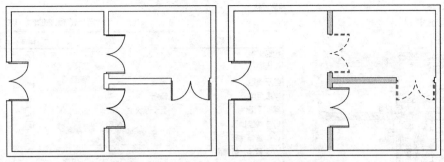

图 2.1-18　使用视图过滤器前（左）后（右）

（1）在【可见性/图形替换】的"过滤器"页下，点击"编辑/新建"。

（2）点击左下"新建"按钮，新建过滤器"墙功能_内墙"，利用墙的"功能"属性参数，将参数值为"内部"的墙体过滤出来（图 2.1-19），选择此过滤器，点击确定。

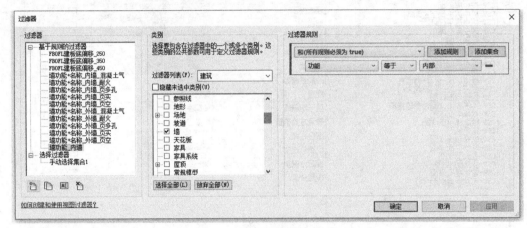

图 2.1-19　编辑视图过滤器

（3）在【可见性/图形替换】的"过滤器"页下将墙体的截面填充设置为灰色实体填充，点击确定。

（4）手动选择需要的两个门后，点击 Revit 菜单中的"修改"➤"选择"➤"保存"，在弹出的【保存选择】对话框中输入选择集名称（如：输入"手动选择集合 1"）后，点击"确定"。

（5）在【可见性/图形替换】的"过滤器"页下点击"编辑/新建"，在弹出的过滤器对话框中选择刚添加的选择过滤器"手动选择集合 1"，点击确定。

（6）在【可见性/图形替换】的"过滤器"页下将门的投影线设置为虚线，点击确定（图 2.1-20）。

较新版本的 Revit 视图过滤器可存储到视图样板中，进而成为项目样板的一部分。如此可以免去繁琐的设置过程，提高效率。

2.1.5　明细表

明细表可以即时多维度统计项目内构件的数量、材质、几何尺寸、物理属性等参数信

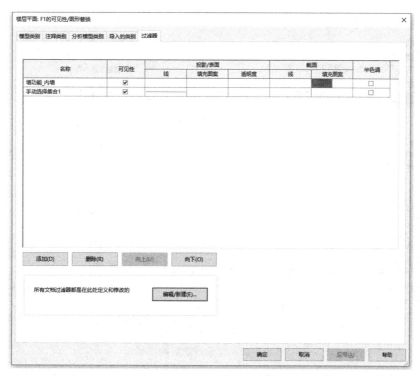

图 2.1-20　设置过滤后的图形

息。各专业较常用的明细表，例如建筑专业常用门表、窗表、房间表等可预置在对应专业的项目样板中（图 2.1-21）。设计人员也可结合需求和添加自定义参数对各种明细表进行调整，以适应项目的需求。

以制作常见门明细表为例：

第 1 步，添加参数：

参考 2.1.2 节添加项目参数的方式，为"门"类别添加参数"门明细表序号"，参数类型为"文字"，选择"类型"参数，如图 2.1-22 所示：

添加此参数可协助调整明细表门的排序，例如将防火门靠前排序。

第 2 步，建立门明细表字段：

点击 Revit 菜单中的"视图" ➤ "创建" ➤ "明细表" ➤ "明细表/数量"，在弹出的【新建明细表】对话框的上方过滤器下拉菜单中选择"建筑"，下方类别选中"门"，点击"确定"。

在弹出的【明细表属性】对话框中，依次将

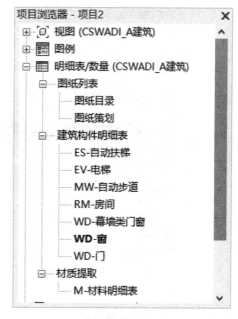

图 2.1-21　项目浏览器中预设的明细表

左侧"可用的字段"栏中"明细表序号""类型""说明""宽度""高度""合计""防火等级""注释"字段添加至右侧的"明细表字段"栏下（图 2.1-23），最后点击"确定"，门明细表生成并自动切换到其页面。

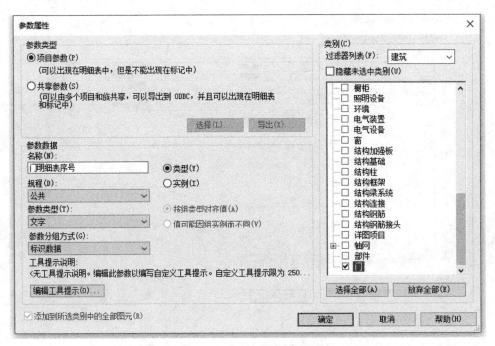

图 2.1-22　设置过滤后的图形

图 2.1-23　建立明细表字段（一）

<门明细表>

A	B	C	D	E	F	G	H
门明细表序号	类型	说明	宽度	高度	合计	防火等级	注释
	FM乙级0921	单扇乙级防火门	900	2100	1	乙级	
	FM甲1021	单扇甲级防火门	1000	2100	1	甲级	
	FM甲1021	单扇甲级防火门	1000	2100	1	甲级	
	M0823	单扇平开门	800	2300	1	-	
	M0823	单扇平开门	800	2300	1	-	
	M0823	单扇平开门	800	2300	1	-	
	FM乙级0921	单扇乙级防火门	900	2100	1	乙级	
	FM甲1021	单扇甲级防火门	1000	2100	1	甲级	
	FM甲1021	单扇甲级防火门	1000	2100	1	甲级	
	FM乙级0921	单扇乙级防火门	900	2100	1	乙级	
	FM乙级0921	单扇乙级防火门	900	2100	1	乙级	
	FM乙级0921	单扇乙级防火门	900	2100	1	乙级	
	M0823	单扇平开门	800	2300	1	-	

图 2.1-23　建立明细表字段（二）

第 3 步，调整明细表：

初生成的明细表需要调整。在明细表页面点击属性栏"格式"旁边的"编辑…"按钮，在弹出的【明细表属性】对话框中依次选择之前添加的各字段，在右侧"标题"下方进行名字编辑，编辑后的名字将显示在明细表中。例如，分别将"明细表序号""类型""说明""合计""注释"字段的标题分别编辑为"序号""设计编号""类型说明""数量""备注"后，明细表标题文字更新为如图 2.1-24 所示：

<门明细表>

A	B	C	D	E	F	G	H
序号	设计编号	类型说明	宽度	高度	数量	防火等级	备注

图 2.1-24　编辑明细表标题

在明细表页面，点击属性栏"排序/成组"旁边的"编辑…"，在弹出的【明细表属性】对话框中，第一个下拉菜单选择"门明细表序号"，第二个下拉菜单选择"类型"，去掉最下方"逐项列举每个实例"的勾选，点击"确定"，如图 2.1-25 所示，明细表将把相同类型属性的门合并在一起并统计其数量。此时，在"序号"标题各行下填写有序的数字，将按填写的数字排序各类型的门。

<门明细表>

A	B	C	D	E	F	G	H
序号	设计编号	类型说明	宽度	高度	数量	防火等级	备注
01	FM甲1021	单扇甲级防火门	1000	2100	4	甲级	
02	FM乙级0921	单扇乙级防火门	900	2100	5	乙级	
03	M0823	单扇平开门	800	2300	4	-	

图 2.1-25　重新成组排序的明细表

将门明细表拖入图纸中，即成为建筑专业常见的门表图纸的一部分。同样的原理，明细表还可用于如图纸目录、窗表、电梯表等图纸，模型的修改可即时反映到明细表，即时准确地统计各种内容或构件。

除此之外，明细表在设计过程中还可即时辅助设计，例如使用房间明细表对项目房间进行命名规范化检查，或使用门明细表对门的设计编号是否对应门宽高尺寸进行复核。

2.1.6 DWG 导出设置

即便是全专业使用 Revit 进行设计的项目，也难免在对外协同中有二维输出成果的需求，.dwg 依然是最常见的二维成果格式。Revit 预设的 DWG 导出设置不能满足多样的成果输出需求。同时，如 Revit 样板需符合企业标准一样，DWG 导出设置也需要尽可能地符合企业二维 CAD 制图标准。

点击 Revit 菜单中的"文件"➤"导出"➤"CAD 格式"➤"DWG"，在弹出的【DWG 导出】窗口上方点击"选择导出设置"最右侧的"···"。如图 2.1-26 所示，在弹出的【修改 DWG/DXF 导出设置】窗口左下方点击"新建导出设置"并在输入名称后点击"确定"。

图 2.1-26 修改 DWG/DXF 导出设置界面

"层"页面下"导出图层选项"：

主要控制 Revit 中进行了单独图形设置的实例在导出 DWG 时的处理办法。例如：Revit 模型中有两面墙 A、B 在平面中被单独设置为红色截面线（使用了"替换视图中的图形"➤"按图元替换"功能），其余墙体保持样板对象样式设置不修改；DWG 导出设置为：墙体截面线图层"A-WALL"，颜色"2"（CAD 黄色色号）（图 2.1-27）。

此时使用"导出图层选项"下不同的选项，则具有如下不同的图层和颜色设置：

（1）导出类别属性 BYLAYER 并替换 BYENTITY：导出的 .dwg 文件中，常规墙放置于 A-WALL 图层，图层色号为 2 号（CAD 黄色色号）；墙 A、B 同样放置于 A-WALL 图层，但颜色被单独设置为红色（图 2.1-28）。

（2）导出所有属性 BYLAYER，但不导出替换：所有墙（包括墙 A、B）均放置于

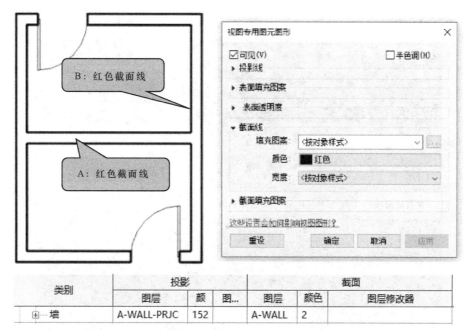

类别	投影			截面		
	图层	颜…	图…	图层	颜色	图层修改器
⊞… 墙	A-WALL-PRJC	152		A-WALL	2	

图 2.1-27　Revit 中的平面：两面墙截面线设置为红色

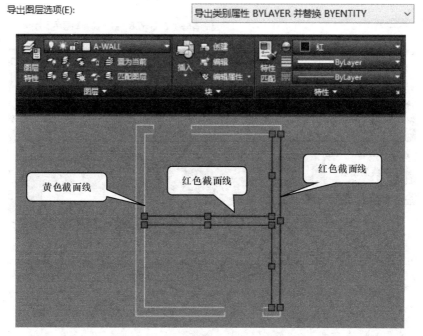

图 2.1-28　导出图层选项：导出类别属性 BYLAYER 并替换 BYENTITY

A-WALL 图层，图层色设置为 2 号（图 2.1-29）。

（3）导出所有属性 BYLAYER，并创建新图层用于替换：常规墙放置于 A-WALL 图层，图层色设置为 2 号；为墙 A、B 单独创建 A-WALL-1 图层，图层色设置为红色（图 2.1-30）。

导出图层选项(E):　　　　　　　导出所有属性 BYLAYER，但不导出替换

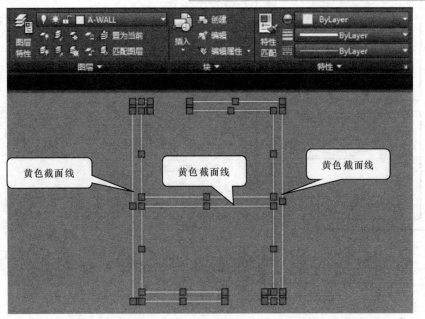

图 2.1-29　导出图层选项：导出所有属性 BYLAYER，但不导出替换

导出图层选项(E):　　　　　　　导出所有属性 BYLAYER，并创建新图层用于替换

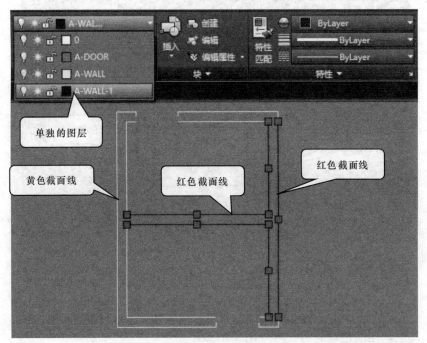

图 2.1-30　导出图层选项：导出所有属性 BYLAYER，并创建新图层用于替换

依据经验，"导出类别属性 BYLAYER 并替换 BYENTITY"为最常用的选项。"层"页面下"根据标准加载图层"：

如图 2.1-31 所示，此处提供了从 .txt 格式文件加载设置的功能，用于从老版本 Revit 获取其 DWG 导出设置，新版本 Revit 不再提供输出导出图层文件功能，转而使用"传递项目标准"功能。此功能还预置了一些西方国家的建筑学会 CAD 标准，但对于我国企业用处不大，建议各企业依据自身 CAD 标准在下方主设置区进行设置。

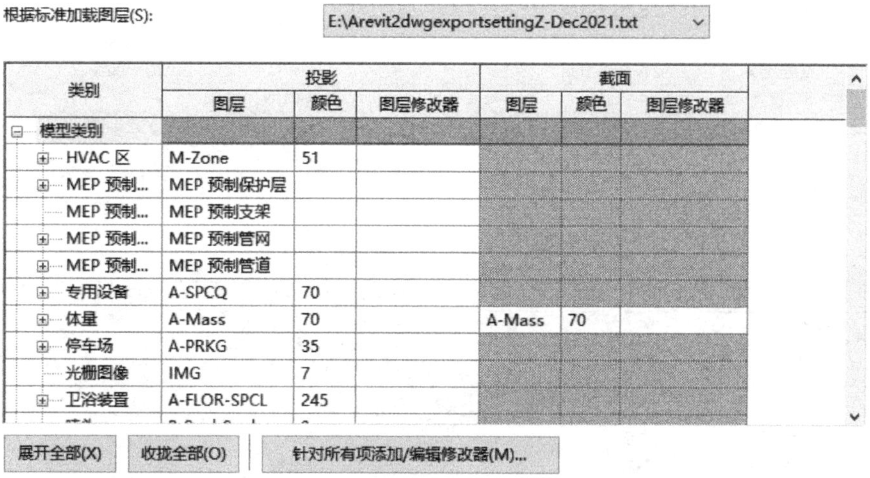

根据标准加载图层(S)：　　　　　　　E:\Arevit2dwgexportsettingZ-Dec2021.txt

类别	投影			截面		
	图层	颜色	图层修改器	图层	颜色	图层修改器
⊟ 模型类别						
⊞ HVAC 区	M-Zone	51				
⊞ MEP 预制…	MEP 预制保护层					
— MEP 预制…	MEP 预制支架					
⊞ MEP 预制…	MEP 预制管网					
⊞ MEP 预制…	MEP 预制管道					
⊞ 专用设备	A-SPCQ	70				
⊞ 体量	A-Mass	70		A-Mass	70	
⊞ 停车场	A-PRKG	35				
光栅图像	IMG	7				
⊞ 卫浴装置	A-FLOR-SPCL	245				

[展开全部(X)]　[收拢全部(O)]　[针对所有项添加/编辑修改器(M)…]

图 2.1-31　修改 DWG/DXF 导出设置界面：主要设置区

设置关键点：

（1）对 Revit 所有类别进行逐一设置，设置导出 DWG 时的图层名称和颜色，使其符合企业 DWG 标准中的图层名称和颜色。而对于企业 DWG 标准中的线型部分，应在 Revit 基础设置部分（线宽、线型、对象样式等）中进行设置。

（2）设置大类包括模型、注释、分析模型、导入、其他等方面，其中对模型大类中部分类别（如墙、楼梯、门、窗等）的设置还分为投影线和截面线两部分。

（3）点击各类别前方"＋"可展开显示此类别下的次类别（图 2.1-32），部分 Revit 类别的次类别图层设置可能不同于其主体。关于此部分，需结合 Revit 族次类别进行同步建设和设置。

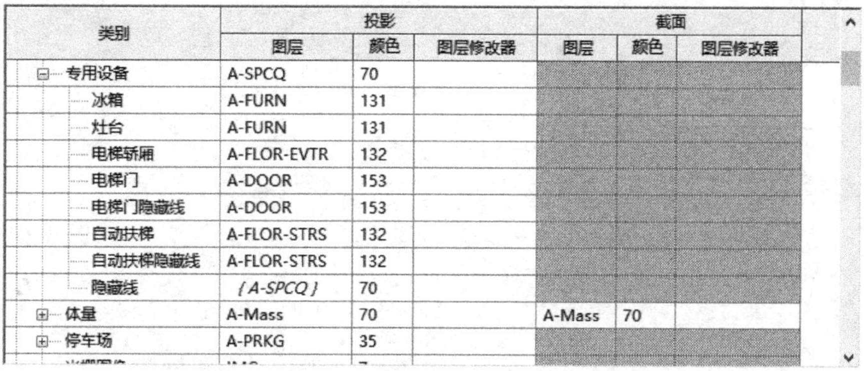

类别	投影			截面		
	图层	颜色	图层修改器	图层	颜色	图层修改器
⊟ 专用设备	A-SPCQ	70				
— 冰箱	A-FURN	131				
— 灶台	A-FURN	131				
— 电梯轿厢	A-FLOR-EVTR	132				
— 电梯门	A-DOOR	153				
— 电梯门隐藏线	A-DOOR	153				
— 自动扶梯	A-FLOR-STRS	132				
— 自动扶梯隐藏线	A-FLOR-STRS	132				
— 隐藏线	{A-SPCQ}	70				
⊞ 体量	A-Mass	70		A-Mass	70	
⊞ 停车场	A-PRKG	35				

图 2.1-32　专用设备类别主体和其次类别的设置不同

（4）针对如阶段、功能、工作集、标高等多样的附加属性，可以添加"修改器"，以不同的图层、不同的颜色区分同一类别具备不同附加属性的构件（图 2.1-33）。

类别	投影			截面		
	图层	颜色	图层修改器	图层	颜色	图层修改器
⊞ 场地	A-SITE	33		A-SITE	33	
坡道	A-FLOR-STRS	132		A-STRS	132	
⊞ 墙	A-WALL-PRJC	152		A-WALL	2	(墙)-(功能)
墙/内部	A-Detl-Thin	13		A-WALL	2	(墙)-(功能)
墙/外部	A-Detl-Thin	13		A-WALL	2	(墙)-(功能)
墙/基础墙	A-Detl-Thin	13		A-WALL	2	(墙)-(功能)
墙/挡土墙	A-Detl-Thin	13		A-WALL	2	(墙)-(功能)
⊞ 天花板	A-CLIN	142		A-CLIN	142	
安全设备	E-Sert	181				
⊞ 家具	A-FURN	131				
⊞ 家具系统	A-FURN	131				

类别	投影			截面		
	图层	颜色	图层修改器	图层	颜色	图层修改器
⊟ 修改器						
⊞ 分析为						
⊞ 创建的阶段						
⊟ 功能						
内部	内部	1		内部	1	
基础墙	基础墙			基础墙		
外部	外部			外部		
挡土墙	挡土墙			挡土墙		
核心竖井	核心竖井			核心竖井		
槽底板	槽底板			槽底板		
⊞ 工作集						

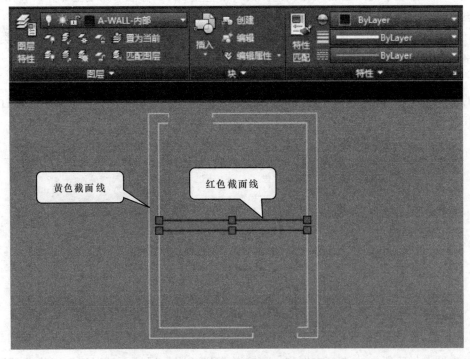

图 2.1-33　使用修改器后导出的 .dwg 文件

（5）最后，由于 Revit 构件类别划分与 AutoCAD 设计中对构件的划分并不完全对应，因此，主要设置区的工作过程需反复测试，才能使导出的 .dwg 文件趋于完善。

【修改 DWG/DXF 导出设置】后面"线""填充图案""文字和字体"等页面的设置较为直接，按需设置即可。上述导出设置在最近几个版本的 Revit 中可通过传递项目标准功能在项目（或项目样板）文件之间传递。

2.1.7 传递项目标准

通过传递项目标准功能，项目样板的若干设置可以在项目（或项目样板）文件之间传递。

在同一个 Revit 程序下打开两个项目设计文件（如：打开"标准接收文件 .rvt"和"标准来源文件 .rvt"），在标准接收文件的任意视图窗口激活状态下点击 Revit 菜单中的"管理" ➤ "设置" ➤ "传递项目标准"。如图 2.1-34 所示，在弹出的【选择要复制的项目】窗口下拉菜单中选择"标准来源文件 .rvt"。

图 2.1-34 传递项目标准：选择传递项

在下侧列表中勾选需要从来源文件中传递的设置内容，点击"确定"。此功能可传递几乎所有项目样板类设置和系统族设置。

综上所述，对比传统设计所用的 AutoCAD（.dwt）样板，Revit 设计的（.rte）项目样板建设工作具有如下特点：

（1）作为新维度设计工具的强技术性。

（2）BIM 设计要求不断发展的持续建设性。

（3）项目样板建设的综合性。

（4）设计数字资源（族库、效率工具库、协同专业项目样板等）的协同建设性。

（5）符合行业、企业、项目设计需求的标准性。

（6）由于软件的特点，应选用当前常用版本中的最低版本 Revit 进行样板建设。

2.2　族库建设及管理

2.2.1　族分类

族是包含通用属性和相关图形的集合体（如单扇门、矩形柱、电桥架等族），类似于 AutoCAD 的块，但比 AutoCAD 块更加注重可变性和参数协同性。

从图 2.2-1 可见族的分类体系，其中：

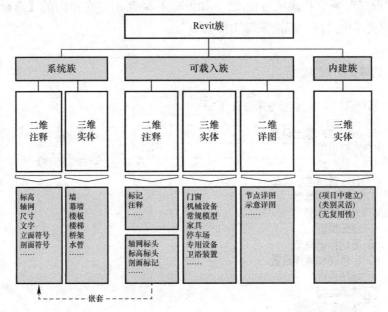

图 2.2-1　Revit 族分类

1. 族从创建、存储，传递的方式来划分，可以分为三个种类（kind）：

系统族（system family）：只能存在于项目样板或项目文件中，不可以另存成单独的族文件（.rfa）进行传递的族。较为典型的系统族如轴线、标高、墙、楼板等。虽然不可另存为单独文件进行载入传递，但系统族仍然可以通过"复制"-"粘贴"或 Revit 传递项目标准功能进行传递。

可载入族（loadable family）：可以单独存储为一个族文件（独立于项目或项目样板文件），其格式为 .rfa。因此，可载入族可以通过载入的方式从其他项目中获得（须知，由于可能需要匹配的参数辅助，载入一个族并不一定获得其所有功能）。较为典型的可载入族如门、窗、电梯、家具等。

内建族（in-place family）：既可以是墙、楼板（与系统族类别重叠），又可以是门、窗（与可载入族类别重叠）。设计中，有的造型体块通过内建族的方式进行现场绘制，其原因往往是这部分内容有独特的造型，系统族不可直接实现，且不具备制作成可载入族加以复用的价值。内建族可以视作对系统族和可载入族的在造型层面的补充。

另外，族是可以嵌套（nested）的，即使是 Revit 类别（category），甚至不同种类（kind）的族。嵌套族的一级主体可以是系统族或可载入族。例如，双扇窗族（可载入族）中可以嵌套一个窗扇族（可载入族），轴线族（系统族）中可以嵌套一个轴线头符号（可载入族）。

2. 族从构件功能来划分，可以分为若干类别（category）：

系统族中的轴线、标高、墙……，可载入族中的门、窗、常规模型……，均属于对族在类别的划分的名称。

一个特定的族，无论是什么类别，大多数还有其下一级划分——类型（type）。例如一个带观察窗的双扇平开门族，因其类型属性（如尺寸、防火级别等）不同，可以划分为不同的类型。无论是系统族还是可载入族，绝大部分族具备不同的类型。如图 2.2-2 所示，从墙（系统族）和门（可载入族）的【类型属性】对话框"类型"中看到不同类型的墙和门。

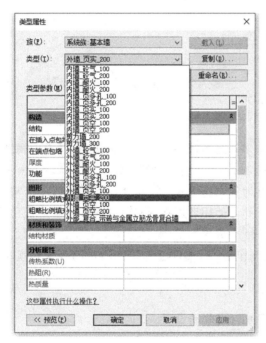

图 2.2-2　族的类型

综上可知，一个族可以理解为具有相近"主体构件"（多为几何构造）的若干不同类型属性实例的集合。上图中"双扇对开_观察窗"这个族的相近特征是"带有观察窗的双扇对开门"，而"尺寸""防火等级"等类型属性在各类型之间存在不同。

2.2.2　系统和可载入族编辑和制作

Revit 对系统族的"编辑"只能在项目（或项目样板）文件内进行，仅限于 Revit 系统族的【类型属性】对话框内有限的参数调整（不同类别系统族可调整参数有差异），如对墙族构造和显示图形等内容的调整，以及对轴网族线型和轴线头符号等内容的调整

（图 2.2-3）。严格来说，对系统族的编辑仅限于对族"类型"层级的修改，不涉及"主体构架"深度。

图 2.2-3　系统族的编辑截面

Revit 对可载入族的编辑和制作相对自由很多，既可以在项目文件内进行（【类型属性】对话框，"类型"层级），又可以脱离项目文件单独进行"主体构架"修改（如图 2.2-4 所示，单独编辑可载入族 .rfa 文件）。Autodesk 官方为各语言 Revit 版本分别提供了数千个常用的可载入族和百余个不同类别族样板文件（.rft），使用者可在现有可载入族基础上优化调整或使用族样板文件制作全新的可载入族。

总体来说，Revit 各专业族（和族库）的制作是一个专项工作，高质量的族（和族库）必须注重以下内容：

（1）族图形符合二维和三维表达需求。

（2）族参数（尺寸驱动、专业协同数据等）合理联动设置。

（3）族与项目样板的匹配。

（4）同类别族的标准统一，便于规范化使用。

（5）尽可能小的族文件体量（族文件大小），减少设计模型负担。

（6）族的稳定性可靠，特别是加入可变参数的族。

2.2.3　标准详图族制作

标准详图族的存储格式为详图项目族文件（.rfa）、项目文件（.rvt），详图表现形式采用模型空间视图的图形及文字、表格的集合，以二维的表达方式为主，主要目标是面向设计企业大量的既有非结构化数字设计资源转化为模块化、标准化的详图族内容。经过对非结构化的设计资源分类，按照文本类、表格类、图形类，通过数据解析和信息分类，形

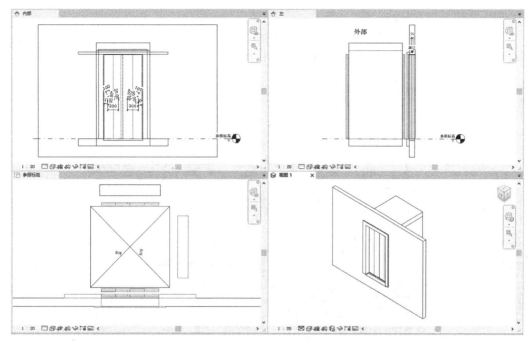

图 2.2-4　可载入族的编辑截面

成便于结构化检索复用的数字化成果。如图 2.2-5 所示，可通过选择"公制详图项目"族样板进行新建族文件。

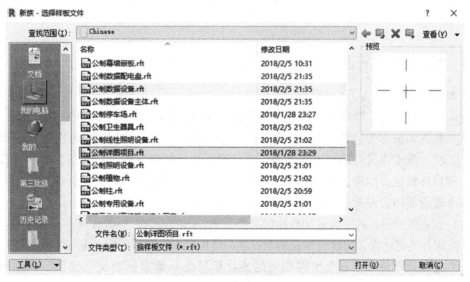

图 2.2-5　新建公制详图项目族文件

　　本章节对非结构化数据设计资源的转换提出一种解决方案。文字、表格类的设计资源，如平面视图中的图例、附注说明，在进行文字提取后形成 Revit 文件中的图例视图或者详图视图，存储入数字资源库。图样类的知识资源，如典型屋面防水收头、出屋面风井、集水坑、变形缝节点，可以借助 Revit 软件提供的外部数据交流，链接载入 .dwg 文件，形成详图项目，存储入库。

详图项目调用，点击 Revit "工具栏" 中的 "注释" ➤ "详图" ➤ "构件" ➤ "详图构件"。如图 2.2-6 所示，可在详图项目列表中选择需要用的标准大样，布置在视图中。

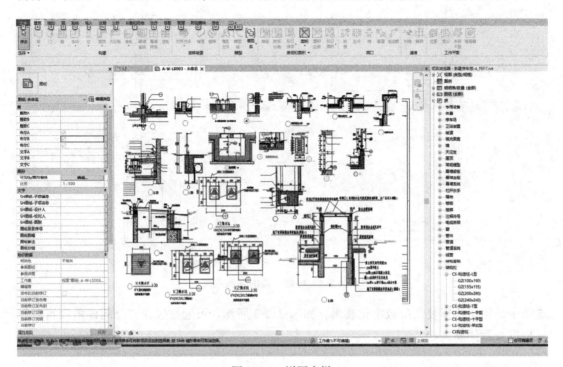

图 2.2-6　详图大样

2.2.4　族库建设及管理

1. 族库建设

族库的完善程度、族库调用的便捷性是设计企业 BIM 应用水平的重要衡量因素。

单一族的编辑称为 "族制作"；有计划、系统性地进行大批量族的收集、编辑称为 "族库建设"。族库建设只用于可载入族；而针对系统族的此方面工作在项目样板建设中进行。与项目样板建设同理，族库建设也需要选定当前常用版本中的最低版本 Revit 进行。

族库建设需结合专业划分和通用协同性进行。

（1）专业族建设：各专业专用族库的分类策划、内容需求、参数标准等由各专业内部建设团队决定并实施建设。如建筑专业的家具族、结构专业的柱基础族、电气专业的灯具族。

（2）通用族建设：全专业均需用到的族，尽量统一确定标准统一建设。如轴网标头族、企业图框族。

（3）协同族建设：有的族可能涉及其他专业在协同中的图形或参数的使用，需在被涉及专业共同制定标准的基础上进行协同建设。如电气配电箱、弱电箱等，需注意对建筑专业图形提资上的协同建设；建筑绘制的电梯需注意对电气专业额定功率参数提资上的协同建设；更不必提给水排水与暖通专业需要协同建设的族就更多了。随着专业间协同的深入和 BIM 技术的发展，协同建设族的数量会越来越多。

在上述方法基础上进入族库建设内容的策划与标准的制定。各专业可以依据设计分类需求，结合 Revit 类别建立族库体系。如表 2.2-1 所示为建筑及通用族库的建设体系。

族建设体系　　　　　　　　　　　　　　　　　　　表 2.2-1

建筑及通用族建设体系	
01 基础族	01.1 基础系统族的嵌套族
	01.2 实体系统族的轮廓族
	01.3 其他
02 通用图框图签族	
03 门族	03.1 单扇门族
	03.2 双扇门族
	03.3 门_嵌板族
	03.4 其他
04 窗族	04.1 窗开启扇族
	04.2 矩形窗族
	04.3 窗_嵌板族
	04.4 飘窗族
	04.5 其他
05 家具族	
06 幕墙嵌板族	06.1 嵌板_门族
	06.2 嵌板_窗族
	06.3 其他
07 卫浴装置族	
08 专用设备 & 机械设备 & 常规模型族	08.1 专用设备族
	08.2 机械设备族
	08.3 常规模型族
09 停车场族	
10 详图项目族	
11 标记注释族	11.1 标记族
	11.2 注释族

族库体系建立的划分与企业设计习惯及协同配合习惯相关，无论如何划分，需注意如下几点：

（1）划分体系需综合考虑专业设计习惯与 Revit 族类别（category）划分进行。

（2）族名称应有统一的原则，同类别的族应策划统一。

（3）族参数应有统一的原则，同类别的族应策划统一。

2. 族库管理

与项目样板建设同理，族库建设也不可能一步到位，需要持续地更新维护，使其满足对新项目、新技术的需求和对新版本软件、新功能的兼容。设计企业的族库更新维护涉及族来源、族需求调研、入库流程、族审核、族权限、族存储等方面内容，统称为"族库管理"；

族库管理包含族库建设过程，并且注重整个族库管理工作的框架性、流程性、可控性。

建立具有对人员使用权限、项目查阅权限、族上传和下载权限、审查审批、族库检索等进行管理、可扩展的族库管理系统，并结合族文件知识产权保护机制，更加有效地实现设计过程中对族的调用和复用；建立健全节约集约的族库管理模式，对提升项目设计效率和设计企业 BIM 正向设计能力有积极的作用。

族文件的产权保护和文件保护是保护企业设计成果、促进行业持续良性发展的重要环节，应在文件中对族进行驱动的参数加密、项目信息加密、族文件企业水印加密的三级保护体系。通过企业级数字设计族库管理平台的产品架构和研发（图 2.2-7）进行族库管理，实现族文件的保护和管理。

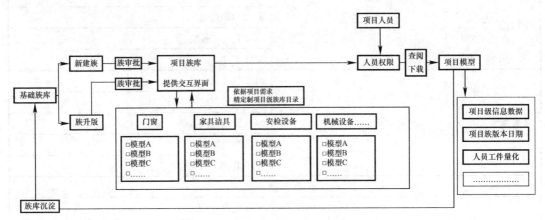

图 2.2-7　族库管理产品路线图

1. 族上传审批

可上传的族文件包括可载入族；系统族通过项目样板来管理。上传族文件应包含族版本、关键描述信息，完成后自动进入校审流程。企业级公共族库管理员、BIM 经理可以在管理系统 WEB 端对上传的族构件进行审核，重点审核族文件是否满足企业级 BIM 模型信息深度规定、地方 BIM 相关标准等。通过校审后的族文件将进一步上传并存储在云端。

2. 族调用

通过人员权限分配，族库管理系统满足不同角色人员相应的使用权限，适应纵向多层级项目人员架构下的高效管理。

允许项目设计人员查看项目级族库目录下的族构件，并可执行上传、下载。专业负责人可查看企业级族库目录，并执行项目级族库目录的新建、删除、族添加、族移除的操作。上述操作可在管理系统平台 Web 端和软件客户端进行。

3. 族库文件架构组织

族库管理不仅是对族构件的上传、审批、存储，还可以提供多个"容器"，企业级族库是基础级的容器，在此基础之上，根据项目特点筛选形成项目级族库，项目级族库之间可以横向扩展。

4. 族库后台管理系统

如图 2.2-8 和图 2.2-9 所示，通过 Web 端对人员架构和角色权限进行控制；系统管理人员对各管理层级的人员权限进行设置，以控制在客户端的查阅、操作。权限具体可通过项目类别、专业类别、关键信息标签等进行适应性设置。

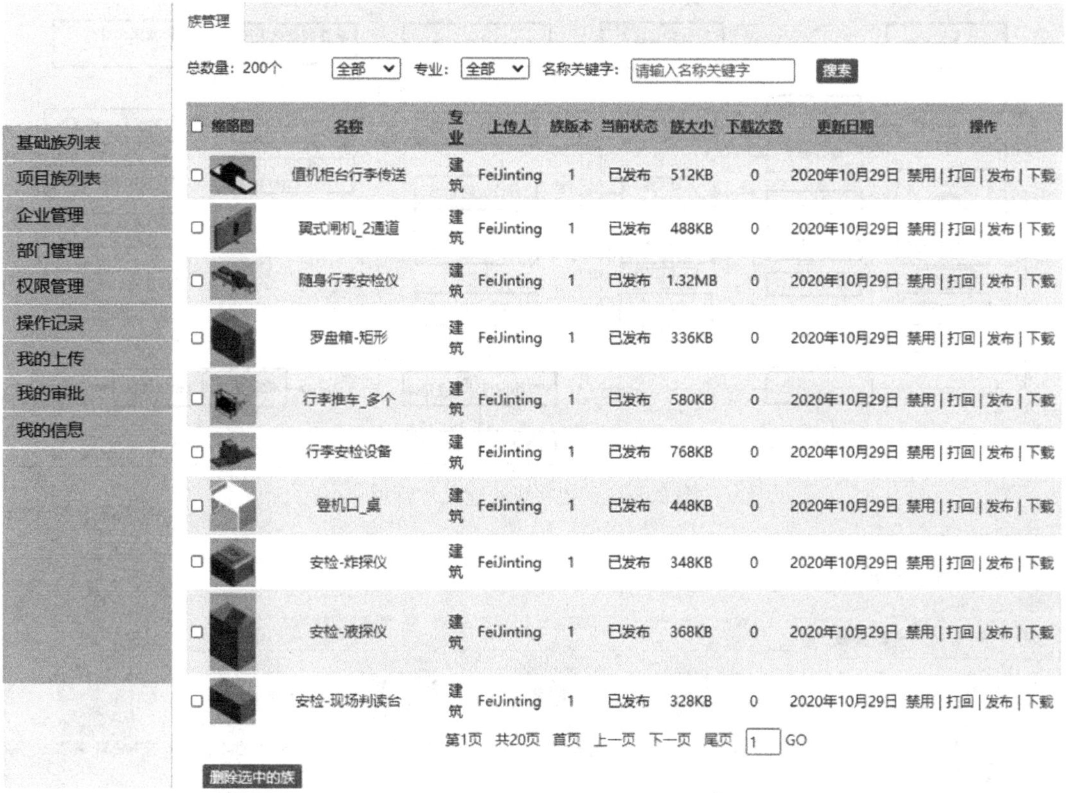

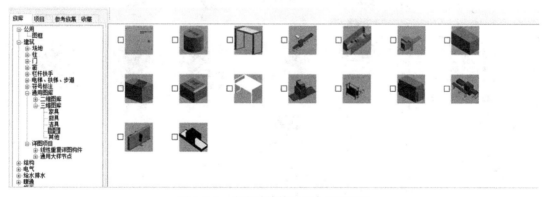

图 2.2-8　Web 端族管理平台界面图示

图 2.2-9　客户端族管理平台界面图示

　　族库建设及管理需结合企业其他数字资源的建设及管理在一套有序的协同平台下进行。由专门的管理部门负责，为企业的数字资源建设奠定良性基础及机制，如图 2.2-10 所示。

2.2.5　定制族库（以我院某大型机场族库建设为例）

　　项目应用有差异化需求，因此可基于基础族库进行项目级定制，如图 2.2-11 所示。

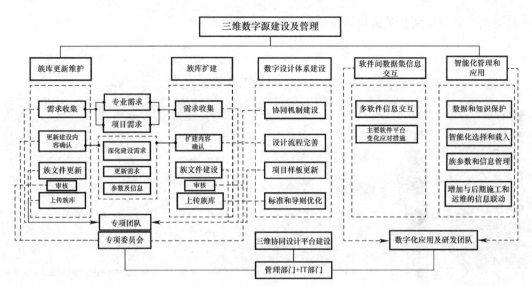

图 2.2-10　数字资源建设设计管理

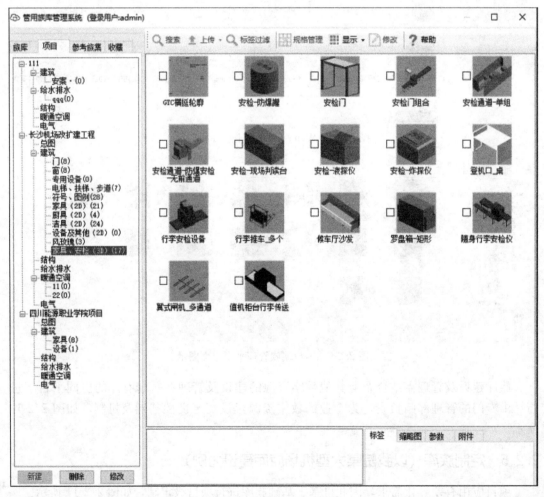

图 2.2-11　机场定制族库

1. 专用设备族

广告标识系统族：交通建筑机场航站楼需要较多类型的广告和标识系统族。因此，此类新族被归类至"专用设备"，并配套制作标记注释族（图 2.2-12）。

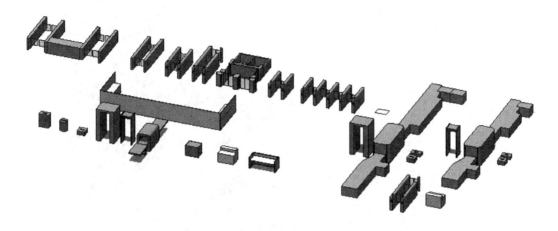

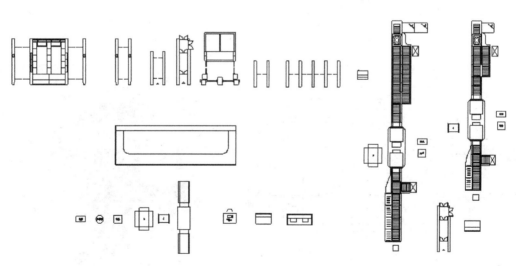

图 2.2-12 流线设备族

航站楼流线设备：航站楼对旅客流线安检设备的要求是巨大的。流线设备大部分归类到"专用设备"，少部分归类到"家具"，如图 2.2-12 所示。

观光电梯：机场航站楼竖向交通需要大量的观光电梯。观光电梯归类到"专用设备"，结合幕墙以及特殊的幕墙嵌板使用，如图 2.2-13 所示。

三维无障碍卫浴装置：三维无障碍卫浴装置归类到"卫浴装置"，如图 2.2-14 所示。

2. 通用族深化

土建电梯：针对航站楼类项目的需求，对土建电梯进行了升级，增加构件驱动的参

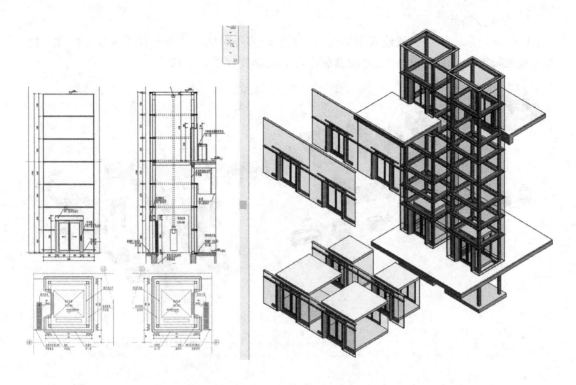

图 2.2-13　观光电梯族

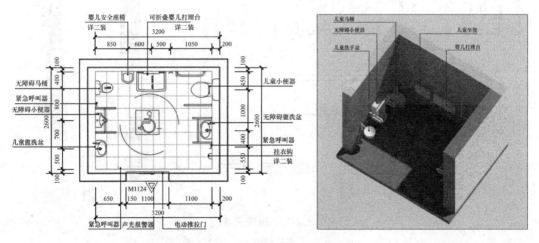

图 2.2-14　三维无障碍卫浴装置族

数，并细化土建电梯的模型及二维、三维视图表达，如图 2.2-15 所示。

自动扶梯：通用族库中专用设备自动扶梯的剖切关系二维表达不符合常规出图需求，改用常规模型类别重新制作的自动扶梯族，并根据制图和提资需求进行深化和参数设置，如图 2.2-16 所示。

自动步道：根据机场设计需求，建立自动步道族，通过参数进行驱动，并满足提资和二维、三维视图的需求，如图 2.2-17 所示。

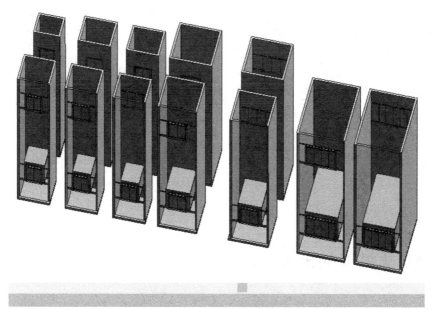

图 2.2-15　土建维护结构电梯族

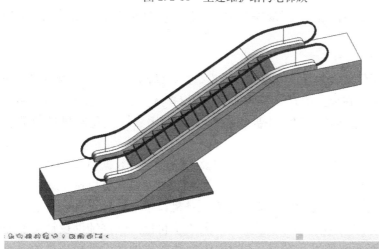

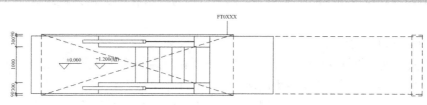

图 2.2-16　自动扶梯族

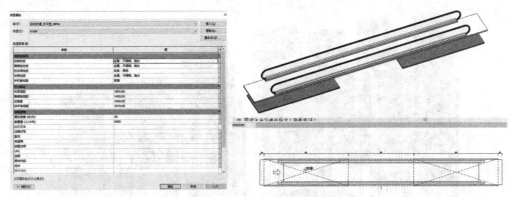

图 2.2-17　自动步道族及参数界面

2.3　模块化模型单元库

建立模型单元常用的存储格式为项目文件（.rvt）（也可以是族和嵌套族），是族、模型构件的集合，主要是面向设计中可以模块化、标准化的设计内容，用以提高复用性、标准化的重要模式。模型单元的构成内容可以是单专业，也可以由多专业构件和族组合而成。

如模块化的卫生间、航站楼房中房、罗盘箱、住宅标准层、交通核楼电梯组合等，使用方式可以通过"复制""插入""链接"调用标准的模型单元。可以根据模型单元规模大小、调整频次选择合适的调用方式。当规模较小时，例如交通核单元，可通过"复制""模型组"的方式实现设计复用；当规模较大时，例如住宅标准层模型单元，可通过"链接"方式来调用。

1. 候机空间模块设计

机场候机区主要供旅客休息、候机、等候排队。排队路线长度是评判机场候机区设计服务水平的因素之一，在模型中以模型线的布置模拟排队路线，综合其长度，将是否遮挡商业空间、房中房卫生间出入口、主要通道作为关键因素，优化闸机通道数量、座椅排布。

候机区座椅布置、等候排队的路线规划涉及人数确定、数据换算，其平面布置推导过程是一个在既定规则下的设计决策。登机口对应的最大机型可以确定满载人数。在平面空间设计中，候机座椅、无障碍座椅、轮椅、登机口指示牌等设计要素通过排距、座椅数量等可变参数，结合 Dynamo 与适度的二次开发和相关软件辅助设计，更加快速和有效地实现设计人员预想的平面布置，图 2.3-1 为参数化辅助设计梳理后的登机口轴侧示意图。

2. 卫生间模块化设计

卫生间专项在机场项目中可分为后勤业务区和公共区域。结合机场总体服务水平、高峰小时人数、迎送比例等确定卫生间洁具数量的计算原则。

旅客公共卫生间配套完善的母婴室、第三卫生间，充分体现了人性化的设计理念。卫生间专项可作为平面模块化设计的一块拼图。在设计前期对卫生间的平面布置、排风形式

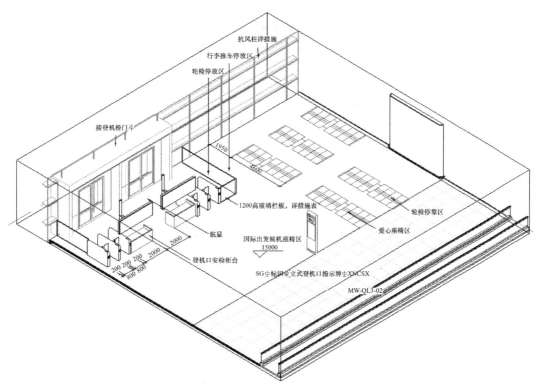

图 2.3-1　候机空间轴测图

及各专业末端点位、天花净高等做合理、完整的规划整合，并对主要系统路由接口预留一定的弹性空间，如图 2.3-2 和图 2.3-3 所示。设计推进过程中严格控制土建条件、设备路由对模块标准化的影响。

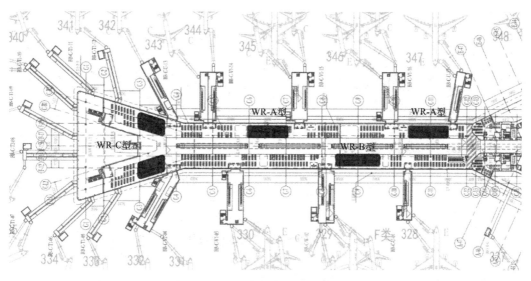

图 2.3-2　国际指廊模块化卫生间分布

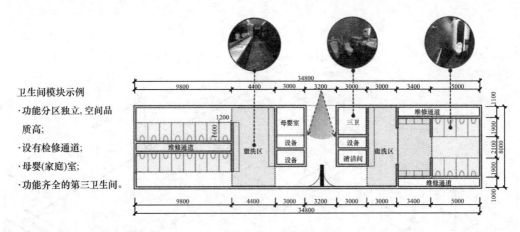

图 2.3-3　模块化卫生间平面示例

3. 罗盘箱单元内部集成

在机场航站楼等大空间交通建筑中，由于空间尺度以及空间开放性的要求，除土建房外设备送风喷口、消火栓、广告点位等需要，还增设一些竖向机电集成单元，也就是罗盘箱。罗盘箱由定制嵌套族和组来实现，主要几何控制参数可以依据内部集成内容的需求做自适应调整。

罗盘箱内部主要包括消火栓、灭火器、暖通空调送回风管道、送风口、强弱电线槽，罗盘箱外侧可集成广告位、显示屏、安防设施设备等。罗盘箱族的模块化主要分为两类：一类是中间层设备路由过路的罗盘箱；另一类是航站楼顶层空间的罗盘箱；罗盘箱的位置需要考虑尽量避免对登机口航显、导向标识形成的遮挡，模块化罗盘箱如图 2.3-4～图 2.3-6 所示。

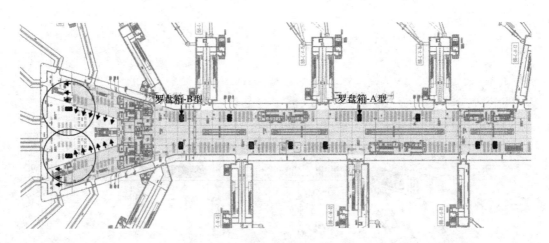

图 2.3-4　国际指廊罗盘箱模块分布

4. 竖向交通模型单元

参数化电梯单元：电梯族类型参数中包含轿厢尺寸、开门尺寸、底坑、冲顶、消防属性等。有完善的参数信息作为基础，当平面布置完成电梯构件后，应用明细表进行统计非

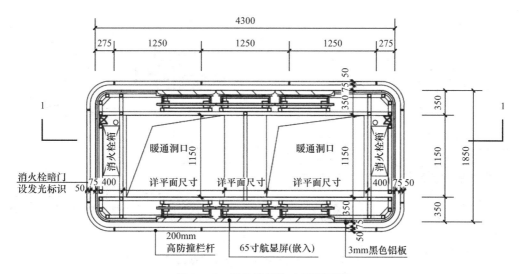

图 2.3-5　罗盘箱模块 A 型平面图

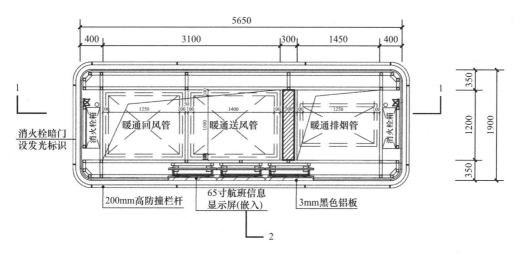

图 2.3-6　罗盘箱模块 B 型平面图

常简便。

　　土建井道参数：配合中，土建井道尺寸参数与族的实体模型联动，使核查结构梁、柱是否侵占到电梯所需的井道净宽变得直观、简单。

　　自动步道、自动扶梯的设计参数主要包含长度、提升高度、基坑长宽深尺寸，设计过程协同的主要专业是建筑与结构。建筑在族中建立基坑的体量，与参数联动，结构通过提取对应数据进行基坑吊板、底坑底板的计算和布置，并调整相应的结构梁。此外，族的平面中有牛腿轮廓控制线，结构依据牛腿宽度数据深化结构构件大样图。交通设施设备设计信息流转见图 2.3-7。

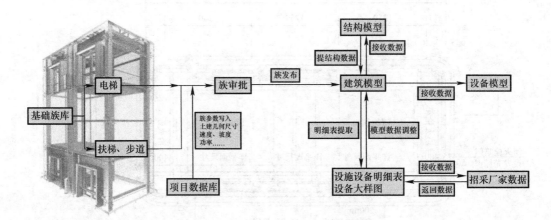

图 2.3-7　设施设备系统设计信息流转

第 3 章

正向设计项目策划

应用目标和应用范围是 BIM 技术推广的重要依据，三维设计计划和工作流是对实施目标的拆解。结合已有建筑正向设计项目的研究，进一步提炼出过程质量控制原则，对促进正向高质量发展、提高产业链数据源准确性等方面发挥着重要作用。

3.1 目标及范围

目前，国内行业中 BIM 技术推行的动力主要来自政府与业主。在设计前期，应针对项目特点和商务合约，以及各地 BIM 政策和相关 BIM 标准，制定契合本项目的正向设计实施目标；同时根据项目后续 BIM 应用需求，确定数字化应用范围及应用深度，通过目标及应用范围的确定，制定标准和实施策略，前置到项目的样板和族库建设中，保证正向设计的模型在整个设计过程中高效协同，数据传递和交互可靠，成果质量可控。

数字化应用范围的策划包括应用阶段、应用专业、应用区域以及应用场景的策划。根据不同的应用范围，制定 BIM 实施策略和应用要点措施。

3.2 设计计划及工作流程

正向设计是基于三维模式的设计流程再造，除了满足图纸输出的需求外，更关注与各专业甚至各协作方的实时协同和数据交互，因此，在设计计划中应更注重专业内和专业间协同工作节点的策划，以及在相应节点进行数据交互和空间协作的策划，如图 3.2-1 所示。

根据设计目标和范围要求，以及项目的整体进度要求，制定基于 BIM 正向设计的项目节点计划，如图 3.2-2 所示。

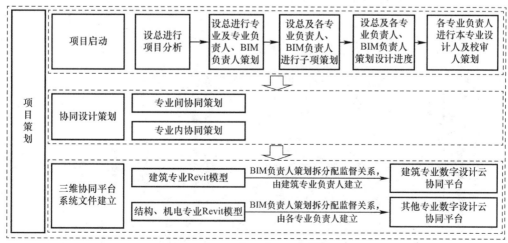

图 3.2-1 正向设计项目整体策划

长沙黄花机场施工图工作计划					
	A/B指廊	设计团队(建筑)	设计团队(结构)	设计团队(机电)	数创中心
2020年12月10日	建筑专业第一次BIM提资(一层、二层平面)(楼层标高、降板、房间名称)(轮廓调整后)	链接结构模型(地上及地下)		建立中心文件、本地文件、工作集、创建电气平面视图	创建平面视图技术培训，协调建筑提资视图
2020年12月14日	结构专业返A指廊1/3模型	完成墙体修改，建立房间及名称属性，完成门窗，楼板及降板	结构专业完成A指廊1/3模型并同步	链接结构模型，熟悉使用结构模型	检查工作集、样板、族使用情况
		载入视图样板进行初步图纸布图	完成结构提资视图载入		提供各专业提资视图
		提供初步建筑技术措施，提供复杂部位构造做法			机电提资视图样板技术培训，协调机电提资视图
2020年12月17日		配合并建立机房，确定房间名称并输入机房荷载等信息	结构专业完成A指廊1/3提资模型	配合并确定机房位置，确定主要管线路由	检查模型情况
			结构专业完成B指廊1/2提资模型	载入提资视图并进行提资	检查提资视图使用情况
2020年12月18日	建筑专业牵头初步管道综合，2周内形成初步成果	确定管综原则，确定重点区域管综剖面		完成重点区域主要干线模型	初步管道综合技术培训
		确定屋顶及幕墙建模逻辑和曲面线型，提交数创中心。初步层顶构造做法确定。			载入屋顶及幕墙中心模型，进行有理化处理并提交结构专业
2020年12月20日		完成楼梯，电梯，步道，行李系统模型载入	结构完成B指廊提资模型	链接结构提资模型和提资视图	检查模型深度和提资视图使用情况
		完成主要设备机房配合，并完善房间名称和荷载等属性信息输入		大型设备机房和管井布置，荷载提供给建筑和结构	检查工作集、样板、族使用情况
		完成安检系统，值机柜台等特殊模型设备载入		进行重点区域的管综配合，确定管线排布原则	检查项目备份情况
		载入明细表(门窗，房间，卫生间，重要构件及设备)			收集明细表信息，提供明细表样板
2020年12月21日		重新链接屋面中心模型	提供层面结构模型	初步进行出图视图的布置	完成屋面有理化处理和模型载入
2020年12月30日	结构专业提A、B指廊一层地梁模型与地下室模型	同步更新结构模型	结构完成指廊地梁及地下室提资模型	链接更新结构和建筑模型	检查各专业模型深度和建模规则
	暖通、给水排水专业提强电专业资料			水暖提供强电相关资料	检查电气平面图获取水暖资料情况
				强电接受水暖提资	
2021年1月5日		完善各专业机房及管井资料		确定管井尺寸及位置，风口尺寸及位置	检查电气平面图链接建筑提资视图情况
				水电通提供弱电资料	
2021年1月10日	暖通、给水排水专业提弱电专业资料	在模型上确定弱电机房及管井位置的房间名称		弱电提机房和管井需求	检查弱电机房在建筑模型上的落实情况
				弱电主要管线路由及机房布置	检查弱电机房及管线主要路由提资模型情况
2021年1月15日	建筑专业提最终资料	更新最终建筑提资模型	更新结构全部模型	机电进行管线综合	检查电气平面图链接建筑提资视图情况
		完成详图视图及大样视图布图			
		完成项目参数输入、属性输入，并用明细表进行检查			
2021年1月25日				机电完成管综配合，提供最终提资模型，并提供留洞原则	检查管综模型
2021年1月29日		在模型上进行墙体和楼板留洞			

图 3.2-2　项目计划案例工作计划

工作流程：

（1）制定 BIM 项目实施策略；

（2）制定项目模型拆分计划；

（3）对拆分后的 BIM 模型进行权限划分；

（4）设计模型搭建、多专业协同、信息和数据协同；

（5）模型质量控制、信息和数据管理；

（6）基于 BIM 的项目性能化分析（可选）；

（7）对模型进行三维校审，模型智能审查；辅助对三维模型导出的二维图纸进行校对、审核、审定；

（8）对三维模型及二维图纸进行整理归档；

（9）成果文件交付。

3.3　项目组织

正向设计的工作范畴、责任边界与二维设计方式有所不同，其质量管理体系关注重心从二维图纸向图模一致转变，项目人员组织架构应当做出适应性的调整，如图 3.3-1 所示。

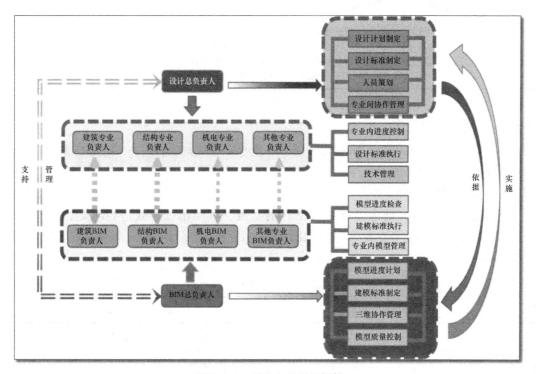

图 3.3-1　项目人员组织架构

3.3.1　项目级 BIM 负责人

如表 3.3-1 所示，根据项目的进度管理、技术管理人员安排，选定 BIM 总负责人、

BIM 经理、各专业 BIM 技术负责人等，并明确其岗位职责。

人 员 职 责 表 3.3-1

部门/职务	本项目中的作用
设计总负责人	制定项目 BIM 整体实施目标； 制定设计计划及整体进度控制； 制定三维协同标准并保证标准的执行； 对设计质量及模型质量整体负责
BIM 负责人	建议由设总、副设总或专业负责人兼任； 协助设总进行项目样板和族库的准备，确定 BIM 实施标准； 协调各专业之间三维协同及权限使用； 负责三维模型检查进度执行； 负责文件夹、归档文件、构件文件、项目数据转换的管理及运行； 与设总及各专业负责人共同制定管综原则； 族库样板库及项目共享参数的统一管理； 对模型质量负责（在会签环节确认）
专业负责人	专业设计技术负责人，协调专业内 BIM 人力资源，对本专业 BIM 模型负责
BIM 工程师	建议由设计人员兼任； 对自建 BIM 模型负责； 为本专业 BIM 技术负责； 负责收集管理项目构件； 负责三维模型、二维图纸管理； 负责对本专业三维模型的拆分、工作集的划分、工作权限的分配管理； 负责不同软件制图之间的转换，参与部分设计工作； 设计过程中负责检查本专业模型的碰撞，并进行协调； 协助 BIM 负责人，进行管线综合设计验证和检查

3.3.2　人员职责干系

结合项目目标及应用范围的划定，确定项目实际参与人员的职责，形成分工明确、责权清晰的人员职责干系结构。

模型成果策划

各专业应在项目开展之前对所有文件的二维、三维出图方式进行策划。表 3.3-2、表 3.3-3 所示为推荐的各专业的 BIM 出图策划，各项目宜尽量扩大三维出图的比例及模型出图范围。

各专业初步设计出图范围推荐表 表 3.3-2

专业	三维出图的图纸类别	二维出图的图纸类别
建筑	图纸目录、平面图、立面图、剖面图	设计说明、总图、措施表、通用大样
结构	平面图	图纸目录、基础图、主要大样图
给水排水	给水排水平面图、消防平面图、喷淋平面图	图纸目录、设计说明、系统图
电气	电气干线平面图	图纸目录、主要电气设备及材料表、系统图
暖通	主要风管平面图	图纸目录、图例、设备表、系统图、主要水管平面图

各专业施工图出图范围推荐表　　　　　　　　　表 3.3-3

专业	三维出图的图纸类别	二维出图的图纸类别
建筑	图纸目录、平面图、立面图、剖面图、局部大样、楼电梯大样、坡道大样、节点大样、门窗表大样、(选择性可出图:设计说明、总图、措施表)	设计说明、总图、措施表
结构	平面图、楼梯图	图纸目录、结构设计说明、基础图、构件图、大样图
给水排水	给水排水平面图、消防平面图、喷淋平面图	图纸目录、设计说明、系统图、大样图
电气	电气平面图	图纸目录、主要电气设备及材料表、系统图,大样图
暖通	空调风管平面图 通风平面图 防排烟平面图	图纸目录、设计说明、施工说明、图例、设备表、系统图、大样图、水管平面图

3.4　正向设计标准及质量控制

我院基于多年的正向设计经验,制定了企业正向设计标准和实施导则。为正向设计项目的顺利实施以及相关资源库的管理和建设奠定了坚实的基础,如图 3.4-1 所示。

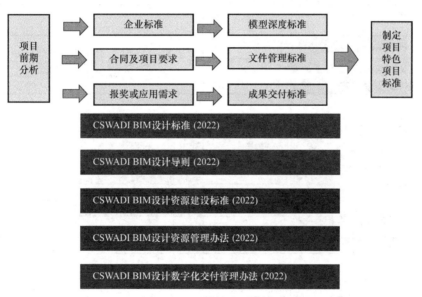

图 3.4-1　项目级标准制定

3.4.1　标准制定

企业的正向设计标准是保障正向设计质量的基础;大型机场类项目的正向设计参与方涉及专业众多,项目规模大,空间和构件情况、不同专业采用的设计软件和提供的协作资料格式更复杂,因此应针对不同的项目特点,将企业标准作为基础,制定适合大型机场类项目的模型成果标准和阶段配合标准。同时,还应根据项目所在地的标准、当地模型审查标准,以及绿色建筑、预制装配和节能双碳的相关标准和规定,制定相应的正向设计模型信息和数据标准,使模型能够进行全阶段的数字化管控,并促进模型数据向后端的传递和应用。

1. 模型标准

包括模型命名标准、模型精细度模型视图及制图标准，如图 3.4-2 和图 3.4-3 所示。

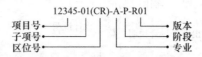

图 3.4-2　模型文件命名标准

门窗洞口卷帘编号规则

"门/窗类型代码"+"门窗洞口宽度"+"门窗洞口高度"+"后缀"

	信息及表达	说明
类型		
M	成品木门	
LM	成品断桥铝合金门	
SM	成品钢门	天府机场采用GM，与隔声门3重复，所以采用除标；
BYM	成品木门（带百叶）	
ZDM	成品自动推拉门	第三卫生间
TLM	成品推拉门	
TZM	铁栅门	地下管廊区
FM甲	甲级防火门（1.5h）	
FM乙	乙级防火门（1.0h）	注：地下部分防火门为钢质防火门；
FM丙	丙级防火门（0.5h）	地上部分防火门为木质防火门；
FGM甲	甲级隔声防火门（1.5h）	
编号	四舍五入+洛水号	非公共区域业务用房、设备机房的门统一高度为2200mm；
1000*2200	M1022	开向公共区域的门，暂时按照2400高度设计；
1020*2200	M1022（1）	SCB门统一宽度1200mm，设备商运营小间宽度为1000mm
1050*2200	M1122	
后缀		
P	开向公共区域的门	SM1524P：公区成品钢质门1500*2400
W	需要设置门禁	SFM甲1824PW：公区门禁钢质甲级防火门1800*2400
Z	子母门	SFM甲1824PZ：公区钢质甲级防火子母门1800*2400
J	长铰链	SFM甲1824PJ：公区钢质甲级防火长铰链门1800*2400
A	空陆划界面处	SFM甲1824PWA：公区门禁钢质甲级防火安防门1800*2400
'	常观察窗	SFM甲1824'：钢质甲级防火门1800*2400
后缀排序自上而下	PV……A'	SFM甲1824PWZJA
标识数据栏	明细表统计进门表	
内门、外门	仅区分防火门	
是时间幕墙	无障碍卫生间	
后缀不中涉及内容可临时加入本栏	Z/J/ /	优势：减少后缀，命名清晰；缺点：增加族类型，降低建模效率

图 3.4-3　模型构件命名标准

　　虽然模型的几何表达精度、信息深度可以无限细分和深入，但对于正向设计而言，模型的精细程度不是我们追求的主要目标，合理的模型深度、公共的数据环境、统一的交互方式更为重要。模型常见构件级模型单元精度建议详见附录 C。

2. 数据和信息标准

　　制定结构化和非结构化数据的管理标准，保证数据交互时数据的正确性、协调性和一致性；根据模型的创建、使用和管理的需要进行编码；保证数据安全与保密的要求。

3. 软件标准

根据各专业需求统一软件及版本，以避免出现因软件版本不一致带来的问题。如表 3.4-1 所示，制定基于项目的各参与方采用的不同软件格式转换和数据交互的标准。

软件应用场景　　　　　　　　　　　　　　　　表 3.4-1

分类	软件名称	备注
设计	Revit＋dynamo＋diroot	三维设计制图
	鸿业 Bim Space（乐建）	Revit 建筑插件
	AutoCAD＋天正建筑	二维辅助设计制图
	Sketchup	方案
	Rhinoceros＋rhino inside	辅助三维建模
表现展示	Autodesk Cloud 云渲染、3dsMax 等	静帧渲染
	Navisworks、Fuzor、Enscape、Lumion、D5 等	三维漫游、动画
	Revizto（瑞斯图）等	三维多方互动
出图	PDF 虚拟打印机（Adobe PDF、CutePDF 等）	打印 PDF 电子图纸

4. 成果交付标准

根据项目需求进行设计成果的策划，除基本的设计成果外，还需要根据业主合约要求、当地主管部门要求，以及设计团队基于对项目的质量和精细化设计需求设置扩充级成果，如表 3.4-2 所示。

BIM 应用菜单　　　　　　　　　　　　　　　　表 3.4-2

BIM 应用内容	BIM 成果交付内容				交付等级		
	模型交付物	图纸交付物	报告文档交付物	效果表达交付物	Ⅰ 级	Ⅱ 级	Ⅲ 级
场地分析	√		√			●	●
设计模型建立	√	√			●	●	●
设计 BIM 日照分析管理	√		√			●	●
设计方案比选	√				●	●	●
净空净高控制		√				●	●
自然采光模拟	√		√	√			●
自然通风模拟	√		√				●
建筑能耗模拟	√		√				●
声环境模拟	√		√				●
经济技术指标控制	√						●
交通组织分析			√	√			●
幕墙方案设计	√				●		●
视野可视化分析	√						●
虚拟仿真漫游				√			●
基于 BIM 的人防、消防辅助报批	√		√				●

3.4.2　质量控制标准

为保证正向设计标准的有效实施和贯彻，在项目开始之初，项目团队应建立可实施、可评价的模型审查制度。特殊项目根据项目情况，复杂区域、多专业配合部分、易错点、建模难点等需设置额外的审查内容，而常规项目的 BIM 模型审查应包括以下内容：

（1）目视检查：确保没有多余的模型组件，并使用导航软件检查是否遵循设计意图；

（2）警告处理：处理管理中警告（菜单栏内黄色感叹号）内容，对可修正的部分进行修正；

（3）冲突检查：由冲突检测软件检测两个（或多个）模型之间是否有冲突问题；

（4）标准检查：确保该模型遵循团队商定的标准；

（5）元素验证：确保数据集没有未定义的元素；

（6）工作集、链接检查：检查模型工作集内容，检查模型与链接文件的协调关系；

（7）命名标准检查：检查族和类型、注释、视图、图纸命名是否符合标准；

（8）视图标准检查：检查视图样板应用及标准；

（9）族构建标准检查：检查所使用族的类型、族建立方式是否符合标准；

（10）冗余检查：清理建模过程中出于不再使用或导入等原因产生的冗余族和类型、线型，填充等，清除无用平面、立面、剖面及三维视图；

（11）浏览器组织检查：检查浏览器设置及视图、明细表、图纸的相应参数设置；

（12）平台合规性检查：当项目纳入云平台管理时，BIM 模型审查还应包括平台对项目、BIM 模型等各项内容的管理是否按规执行。

如表 3.4-3 和表 3.4-4 所示，BIM 建筑、结构、机电负责人定期基于模型检查维护统计表进行模型维护，描述本项目的模型质量审查办法、审查频次、审查责任人。

模型审查责任人及频次安排　　　　　　　　　　　　表 3.4-3

专业	审查负责人	审查频次
建筑	人员 A	每 1 周（2 周）及每个提资节点及出图预演阶段
结构	人员 B	每 1 周（2 周）及每个提资节点及出图预演阶段
机电	人员 C	每 1 周（2 周）及每个提资节点及出图预演阶段
根据项目特点制定模型审查频次；普通项目中结构 Revit 模型审查频次可比建筑和机电模型审查频次稍低。大型重点项目应提高审查频次			

模型审查维护统计表示例　　　　　　　　　　　　表 3.4-4

模型检查维护统计表				
文件			频率（天/次）	责任人
LNGJ-MEP-W-01-R01.rvt			7	人员 C
	警告处理	工作集、链接检查	命名标准检查	视图标准检查	冗余检查
内容	处理管理中警告（菜单栏内黄色感叹号）内容，对可修正的部分进行修正	检查模型工作集内容，检查模型与链接文件的协调关系	检查族和类型、注释、视图、图纸命名是否符合标准	检查视图样板应用及标准	清理建模过程中出于不再使用或导入等原因产生的冗余族和类型、线型，填充等；清除无用平面、立面、剖面及三维视图
检查记录				
上次检查				

建筑设计需要多专业和多人员的分工协作方可顺利完成，称为协同设计。采用 BIM 技术的项目与采用传统二维技术的项目在"协同设计"方面有所不同。本章对 BIM 正向设计中的协同设计进行阐述。

4.1　模型拆分与工作集分配

4.1.1　模型拆分

在基于 Revit 的三维设计过程中，大型项目可能需要对设计模型进行拆分，既有利于不同的团队分工协作，又可避免大型项目中因模型单体过大导致计算机卡顿，进而影响整体效率。图 4.4-1 所示为某机场航站楼 A 指廊部分的设计模型拆分及内容示意。

区位	建筑		结构		机电	
	内容	文件名称	内容	文件名称	内容	文件名称
A指廊	A指廊	19482-A-W-01-A指廊-B01.rvt	A指廊地上部分	19482-S-W-01-A指廊-地上部分-R01.rvt	A指廊	19482-MEP-W-01-A指廊-R01.rvt 19482-MEP-W-01-A指廊-R01-ZP(喷淋)
			A指廊地下部分	19482-S-W-01-A指廊-地下部分-R01.rvt		
			A指廊屋面扩大头小天窗	19482-S-W-01-A指廊-扩大段小天窗-R01.rvt		
			A指廊构造柱	19482-S-W-01-A指廊-构造柱-R01.rvt		

图 4.1-1　模型拆分示意：某机场航站楼 A 指廊局部

1. 项目的拆分总体原则为："专项＋区域×专业"：

（1）专项拆分：如图 4.1-2 所示，在大型单体项目中，往往有需要整体设计的部分。常见如幕墙、造型屋顶等，可单独拆分为一个设计模型。

（2）区域拆分：包含了空间上三个维度的拆分。最常见"区域拆分"是多单体子项的项目中按单体将设计模型拆分为单栋；对于较大的单体（如某机场航站楼），需要在单体内进一步拆分（图 4.1-3）。为便于标准贯彻，不宜在设计早期将模型拆分过细，可随项目的不断深化逐步拆分。

（3）专业拆分：同一区域内按专业拆分设计模型。如某机场航站楼 C 指廊将建筑、结构、机电（含水、暖、电、智能化）拆分为三个（组）模型（图 4.1-4）。

2. 模型拆分不必一步到位，应随着设计深入而逐步拆分（图 4.1-5）。部分观点认为，当模型文件达到某一体量"临界点"（如 500M）后进行拆分，而实践中由于项目差异和构成模型的方式不同，模型拆分的"临界点"仍需依据设计模型在计算机中的表现而定。

在判断模型是否需要进一步拆分前，需要明确如下问题：

（1）是否链接了未经清理（删除多余无用图形）的 CAD 文件？是否误以三维形式 CAD 文件（链接时未选择"仅当前视图"）使用载入了 CAD？是否对模型进行了不必

要的成组？……上述不良设计习惯都有可能造成模型体量增加或"虚胖"，进而造成卡顿。

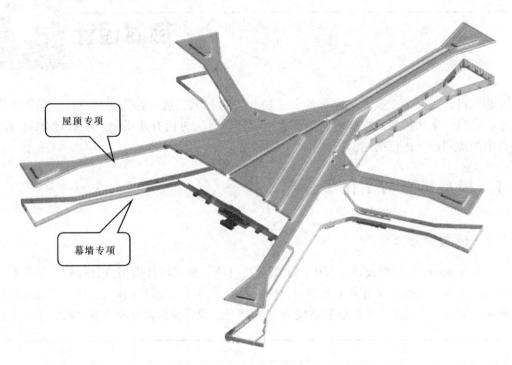

图 4.1-2　某航站楼项目专项拆分示意

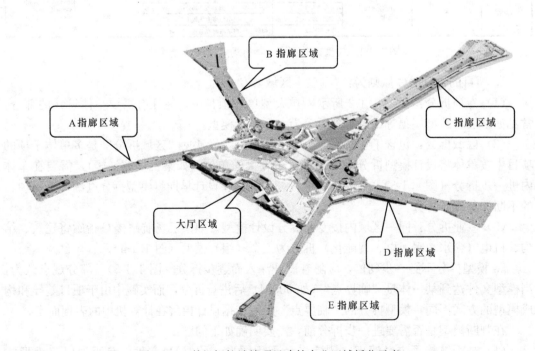

图 4.1-3　某机场航站楼项目建筑专业区域拆分示意

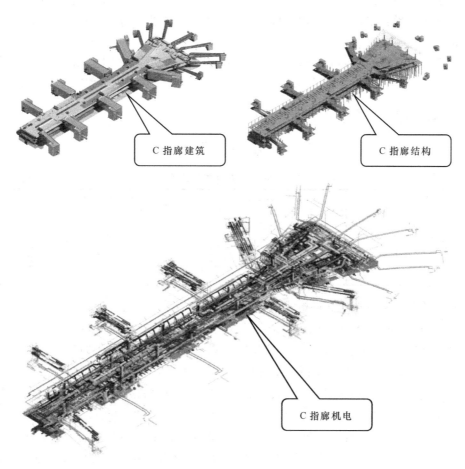

图 4.1-4　某航站楼 C 指廊专业拆分示意

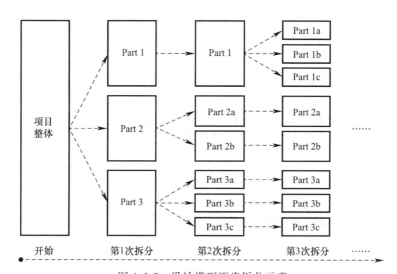

图 4.1-5　设计模型逐步拆分示意

（2）Revit 设计需要各模型相互链接，某一模型体量的大小不仅影响该模型本身，还影响其他模型；换言之，如果发现卡顿，不一定是当前模型的问题，有可能是链接了本身就卡顿的模型。

（3）总体上，Revit 三维设计整合所有模型和图纸的功能和特性，决定了其不可能像 CAD 二维设计那样"快速"。判断设计文件是否真的卡顿，需要一定的实战经验作为参考。

4.1.2　中心文件协同与工作集分配

如表 4.1-1 所示，Revit 文件允许两种形式进行设计工作：

Revit 文件的两种工作形式　　　　　　　　　　　　　　　　　表 4.1-1

工作形式	独立文件（常规文件）	共享文件（中心文件）
同时设计（编辑）支持	仅单人	单人或多人
工作集数量	（无工作集划分）	划分多工作集（两个及以上）
常规文件存储位置	（无限制）	服务器映射网盘（便于多人访问）
文件存储格式	. rvt	

两种工作形式所存储的文件格式均为 . rvt 格式。

Revit 中心文件协同模式可以让多个设计人员在同一个设计文件上工作，此模式需要首先将设计文件进行工作集分配。多工作集和中心文件互为必要条件：要将设计文件存储为中心文件，必须划分多个工作集；反之文件若是划分了多个工作集，则其存储的就一定是中心文件。

从运行的 Revit 程序中点击 Revit 菜单中的"文件"➤"打开"，在弹出的【打开】对话框中浏览至中心文件保存位置，选择中心文件后，点击"打开"。此时，Revit 会在使用者计算机本地创建与中心文件相同内容的附属文件（即本地文件），各使用者通过直接编辑本地文件进行设计，设计者通过点击"同步"功能按钮把本地文件中的修改内容与原中心文件进行数据交换。为保证数据正确交换，Revit 中心文件对所有项目内的元素设有权限机制，为保证此机制，中心文件不应直接双击打开。有关中心文件及工作集权限机制，参见 10.6 节。

点击 Revit 菜单中的"协作"➤"管理协作"➤"工作集"，在弹出的【工作共享】对话框中点击"确定"（图 4.1-6）。

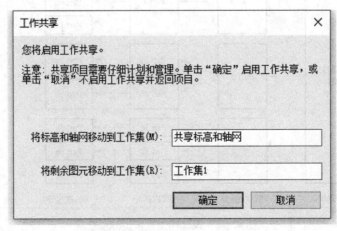

图 4.1-6　首次创建工作集

　　某些版本（如 Revit 2019）需要点击"协作"➤"管理协作"➤"协作"，在弹出的【协作】对话框中选择"在网络中"，点击"确定"（图 4.1-7）。

图 4.1-7　首次创建工作集（Revit 2019）

　　此时，Revit 为了设计文件（图 4.1-8），划分了初始的两个工作集："共享标高和轴网""工作集 1"，并自动将现有的所有标高和轴网放入前者，剩余的所有构件放入后者。通过点击 Revit 菜单中的"协作"➤"管理协作"➤"工作集"可看到当前工作集分配。

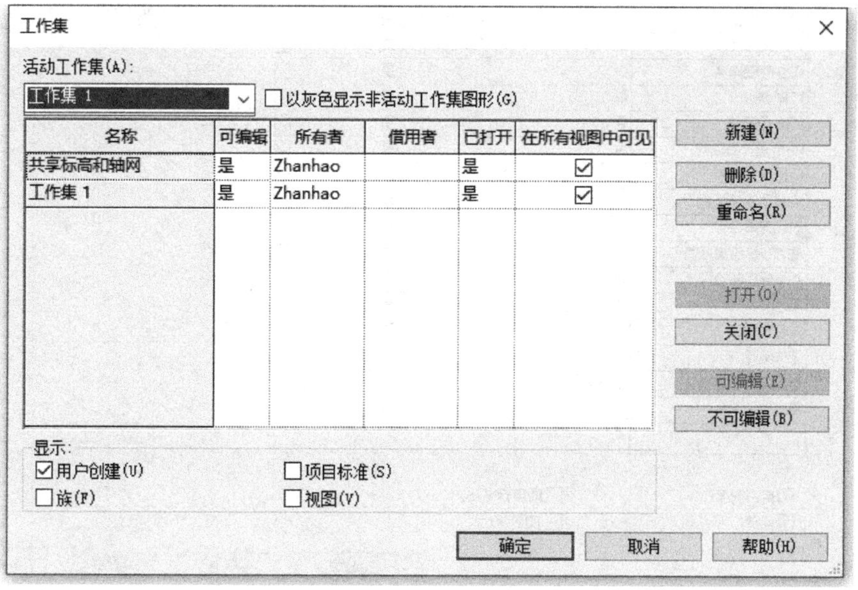

图 4.1-8　工作集

此后即可将文件存储为中心文件，供多个设计者同时编辑。

实战中，默认的两个工作集（"共享标高和轴网"和"工作集1"）不一定能满足所有项目的需求，特别在大型项目中，应对工作集进行进一步组织细分。

工作集分配可提前策划，并随项目的进行做相应调整。建筑、结构、机电各自模型的分配原则具有共同点和差异。

1. 各专业需将所有的标高和轴网放入"共享标高和轴网"工作集中，以便链接到其他模型时关闭此工作集，避免标高和轴网的重复干扰。

2. 项目的特点、设计人员组织分工等因素决定了工作集分配的逻辑和拆分精细度，如某机场航站楼项目轴网较为复杂，"共享标高和轴网"被拆分为如下的"AL标高""AX主轴网""AX次轴网"三部分，而常规项目里，所有的标高和轴网只需要放在一个工作集即可。

3. "工作集1"不可删除，在体量较小的项目里用于放置除标高和轴网以外的所有构件，大型项目里则可当作临时公共工作集。

4. 除"共享标高和轴网"和"工作集1"，各专业的工作集划分数量和原则差异较大：

（1）建筑专业模型：主要结合区域和构件类型进行工作集分配（图4.1-9）。

图 4.1-9　某机场航站楼 C 指廊建筑专业模型工作集

（2）结构专业模型：不同于建筑或机电专业模型，结构专业模型主体来源为结构计算软件，因此其工作集分配可以相对简单，甚至可能使用默认的工作集划分（图 4.1-10）。

图 4.1-10 某机场项目 C 指廊结构专业模型工作集

（3）机电专业模型：如机电专业在同一个模型中，则工作集分配可遵从"专业-系统"原则。其中机电专业是指水、暖、电、智能化等专业，各机电专业再细分不同的系统（图 4.1-11）。

图 4.1-11 某机场项目 C 指廊机电专业模型工作集

4.2 项目坐标及定位

项目拆分后，在设计工程中需以统一的坐标体系联合（链接）起来协同设计。

Revit 中用于坐标标注、模型链接、导入、合并等操作以及与其他软件模型交互时，相互对位的空间位置为坐标体系，分为原点坐标体系、测量点坐标体系、项目基点坐标体系、地理坐标体系四种。

前三个坐标体系分别对应 Revit 中的内部原点、测量点、项目基点；地理坐标体系则用于建筑在地球上进行大体位置的设置，进而确定建筑的日照、能量等与经纬度相关的分析基础数据。

(内部)原点　　　　测量点　　　　项目基点

图 4.2-1　Revit 2020 中的内部原点、测量点、项目基点

注：早期 Revit 版本中，内部原点不可见，只能通过右键点击项目基点后选择"移动到启动位置"探知，较后期版本 Revit 的原点已可见（图 4.2-1）。

4.2.1 内部原点坐标体系

内部原点（Internal Origin，早期 Revit 称为"原点"）是常用的一种 Revit 模型之间或 Revit 与其他软件模型之间相互对位的空间位置基点。如果设计过程涉及其他软件（如：Rhino、Sketchup 等），设计时尽快明确内部原点位置可为模型在软件之间的交互带来积极的作用。内部原点位置不能直接移动编辑，应先确定其位置后依据内部原点位置进行建模。

实战中如项目外形相对规则，往往确定正负零的高度上建筑的平面几何中心为内部原点。如图 4.2-2 所示，某机场航站楼确定首层正负零的高度上的平面几何中心为项目内部原点。

内部原点常作为软件之间交互的默认基点，可以视其为"软件交互坐标"，当然内部原点也可以用于 Revit 模型之间的定位，即各模型确定并统一内部原点后，通过"自动-原点到原点"的方式进行导入/链接（图 4.2-3）。

因此，无论是 Revit 模型还是其他软件模型，均需保证（内部）原点位置的正确，以获得各模型间相对空间关系的正确性。

4.2.2 测量点坐标体系

测量点（Survey Point）坐标主要用于项目在大型坐标体系中的空间定位。如常见用于城市坐标（常为 X/Y 坐标）定位的项目，往往需要正确设置测量点坐标。正确设置城市坐标的项目，在导入城市数字沙盘（平台）时更加顺利。设置测量点坐标步骤为：

（1）设置图面北（项目北）和真实北（正北）* 的夹角关系；

---

　　* 图面北：在 Revit 中称为"项目北"。是在平面上旋转单体建筑，使其平面轮廓尽可能"横平竖直"，以达到方便制图的目的而确定的平面方向。

　　真实北：在 Revit 中称为"正北"，即地球北方向，与地球经线平行。

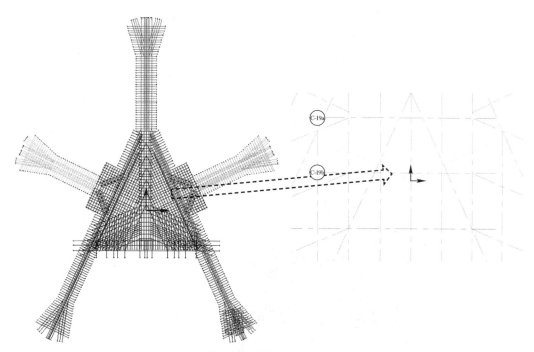

图 4.2-2　某机场航站楼轴网和内部原点关系

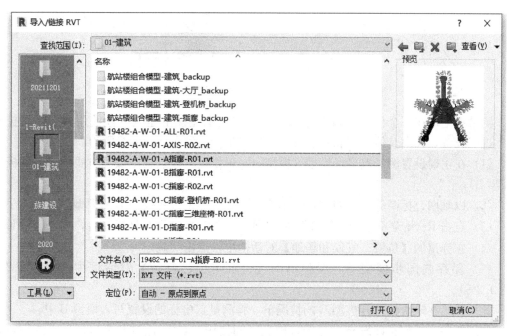

图 4.2-3　RVT 导入/链接的定位

（2）设置项目在总图中的位置；

（3）设置总图中的测量点坐标（如图 4.2-4 所示，XYZ 即北南/东西/高程三个方向）；

（4）使用高程点坐标标注，进行多个点进行标注并验证。

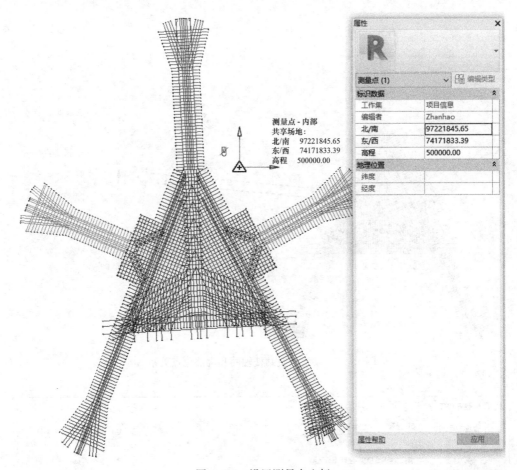

图 4.2-4　设置测量点坐标

测量点坐标在一个模型中设置正确即可。实战中往往由建筑专业使用一个"总控模型"进行设置，并向其他模型和专业发布测量点坐标。发布坐标的步骤为：

（1）在正确设置测量点坐标模型（模型 A）里使用"原点到原点"方式链接其他模型（模型 B）；

（2）以轴网、标高等为参照物，使用移动、旋转等工具将模型 B 与模型 A 正确对齐；

（3）点击 Revit 菜单中的"管理"➤"项目位置"➤"发布坐标"后，点选模型 B；

（4）在弹出的【位置、气候和场地】对话框中，点击"确定"；

（5）保存或同步模型 A，在弹出的【位置定位已修改】对话框中选择"保存"（图 4.2-5）。

此操作可在未直接打开模型 B 的情况下，将测量点坐标的设置写入模型 B 中。

使用同一个模型正确发布坐标的各模型之间使用"自动-通过共享坐标"方式即可正确链接到位（图 4.2-6）。

测量点坐标设置与发布共享坐标链接的方式，仅适合 Revit 模型之间或 Revit 与部分软件（AutoCAD）之间的对位链接。

对测量点坐标的平面标注，点击 Revit 菜单中的"注释"➤"尺寸标注"➤"高程点坐标"，在平面视图上点击需要被测量的点位，拖出延长线后再次点击。

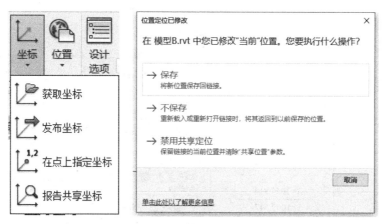

图 4.2-5 发布坐标和保存

图 4.2-6 RVT 导入/链接：共享坐标定位

查看此高程点坐标族的类型属性，可见其坐标基点是"测量点"（图 4.2-7）。

4.2.3 项目基点坐标体系

项目设计中，除使用城市坐标（X/Y 坐标）定位以外，有的项目会采用项目独立坐标（常为 A/B 坐标）的定位方式，此时坐标基点常采用项目基点（Project Base Point）。

查看此高程点坐标族的类型属性，可见其坐标基点是"项目基点"（图 4.2-8）。

4.2.4 地理位置

地理位置（Location）设定在 Revit 中不是精确的坐标体系，其目的不是用于项目设

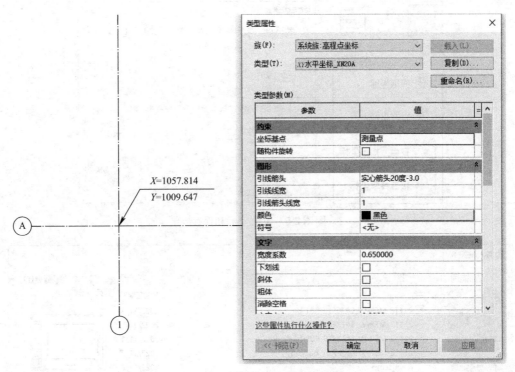

图 4.2-7　测量点坐标的标注设置

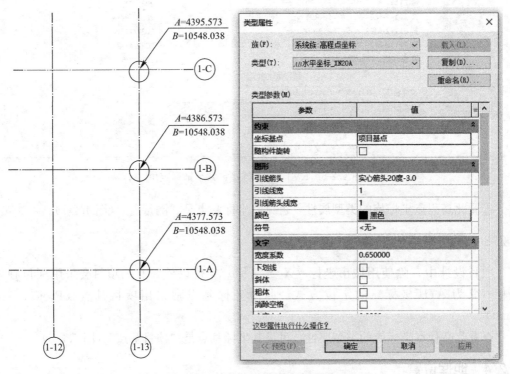

图 4.2-8　项目基点坐标的标注设置

计的精确定位，而主要用于在 Revit 中进行日照、温度、节能等分析计算。

点击 Revit 菜单中的"管理"➤"项目位置"➤"地点"，在弹出的【位置、气候和场地】窗口中的"位置"页，输入项目所在的经纬度或城市名称，即可将项目定位到地球上所在城市，放大调整，点击"确定"，即可将项目定位到所在场地的大体位置上（图 4.2-9）。

图 4.2-9　项目地理位置设置

4.3　专业协同

4.3.1　基于 Revit 的专业协同设计基础方法

当项目拆分及工作集分配确定后，设计人员在各拆分的模型文件及划分好的工作集下展开设计工作。

单体建筑内，常以如图 4.3-1 所示的典型关系进行协同设计：

（1）在单体建筑项目中，建筑、结构、机电三大板块模型以项目确定的坐标体系相互链接，为后续的相互协同及提资确定基础——专业间协同。

（2）对于大型单体项目，专业内因为体量较大而进行专业内拆分的各区域也需要相互链接到一起协同设置——区域间协同。类似的，结构板块因为结构计算模型而拆分的各计算模型之间需要的链接协同设计也属于区域间协同。

（3）典型项目机电模型包含给水排水、暖通、电气三个专业，各专业内部还存在不同的系统。此部分常通过在一个设计模型内进行工作集划分来实现协同设计。

有多个单体（或子项）的项目，常以如图 4.3-2 所示的典型关系进行协同设计：

（1）各单体全专业组合成一个模型后，再将专业完整的各个单体链接在一起，作为各单体在总图或整体模型层面上的协同基础——单体（或子项）间协同。

（2）除常规单体模型外，还可能包含单独的场地模型或者景观模型。

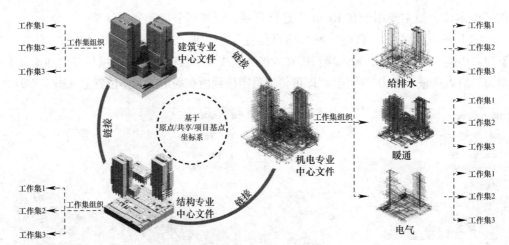

图 4.3-1 典型单体建筑全专业协同设计示意

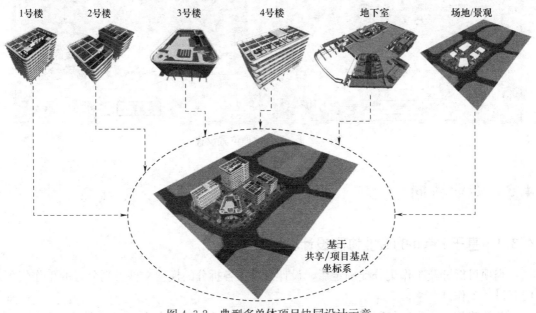

图 4.3-2 典型多单体项目协同设计示意

（3）多单体（或子项）项目模型多以共享坐标系或项目基点坐标系进行组合。

4.3.2 专业内协同设计

在设计过程中，专业内设计信息和数据的传递、交互和三维设计精细化的要求，决定了正向设计不能完全依赖设计人员点对点的提资配合，需要形成一套基于软件协同功能的专业内协作方式。

正向设计虽然是基于"模型"的实时协同，基础模型搭建完成以后，专业内的深化设计、模型的工作界面需要根据专项或区域进行拆分，如图 4.3-3 和图 4.3-4 所示，航站楼项目中，在项目规模大、复杂程度高的情况下，有大量设计人员同时推进工作。各体系间的协同配合模式就需要从二维标记，二维图纸提资和人工口头传达的方式，向三维实时协同、信息和数据自动提取、视图提资的方式进行转变，以达到协同配合的联动性和及时性。

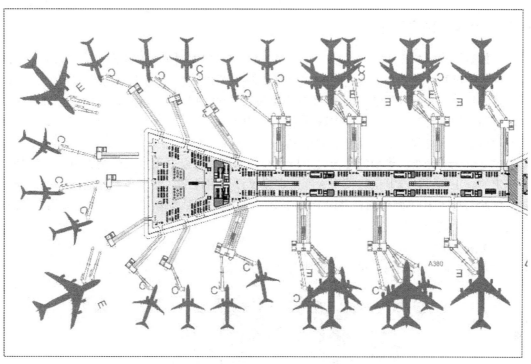

图 4.3-3　专业内分区域工作视图

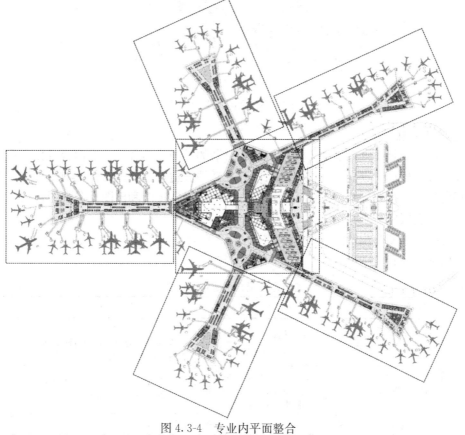

图 4.3-4　专业内平面整合

4.3.3 专业间协同设计

以数据的读取与传递完成工程设计过程中专业之间的协同，从而形成设计成果、干预设计决策的过程，我们称之为"专业间数据协同"。跨平台、跨软件的数据协同是正向设计重要的技术。目前较为常用的 BIM 数据标准有 IFC、Omniclass；此外，建立公共的数据环境和协同平台对于设计过程中数据和信息的创建、存储、分享、协作，以及及时高效地实现信息共享，起到了关键的推动作用。

模型单元的分级、模型的几何表达精度和数据深度是根据项目前期实施目标和策划进行确定的。正向设计建筑信息模型深度规定建议详见附件 D。近年来，行业在大型交通类建筑中的 BIM 应用不断创新，并以 BIM 技术为支撑，以现场精准实施、动态优化为导向，紧密衔接设计与施工两大环节。

1. 数据协同

建立以空间为数据封装单元的属性信息协同机制，如图 4.3-5 所示。

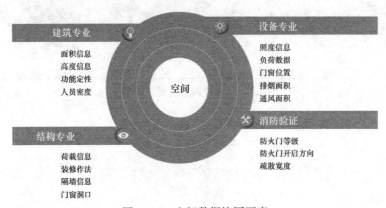

图 4.3-5 空间数据协同要素

2. 视图信息交互

提资视图，是设计过程中不同模型产生对话的一种主动方式，按照设计阶段配合的需要，通过视图样板、过滤器、必要的二次开发插件、适量的人工操作完成专业间配合所需要的提资视图。按照提资视图的用途可以分为配合提资视图和出图提资视图。

建筑提资视图需求清单

配合提资视图和出图提资视图的需求及深度规定见表 4.3-1 和表 4.3-2；上游即为本专业提资的专业；

建筑专业配合提资视图需求表 表 4.3-1

上游专业	视图类型	视图内容	显示要求
结构	结构平面布置	结构柱、剪力墙、构造柱、开洞、梁看线	1. 轴网、轴网标头、注释标记隐藏； 2. 结构柱、剪力墙、构造柱依据实际材质做填充表达，色彩为灰度（R128G128B128）
给排水	平面布置	机房位置及大小、管井、机房抬板降板及净高、集水坑、排水沟、设备基础、消火栓、立管、水炮、手动控制盘	1. 比例应与接收专业平面视图比例一致； 2. 平面不显示横向走管
	剖面提资	重点空间设备管线排布，穿梁洞口范围	图面清晰直观

上游专业	视图类型	视图内容	显示要求
暖通	平面布置	机房位置及大小、管井、机房抬板降板及净高、集水坑、排水沟、设备基础、风口百叶位置面积、罗盘箱楼板开洞几何尺寸	1. 比例应与接收专业平面视图比例一致； 2. 平面不显示横向走管
	剖面提资	重点空间设备管线排布，穿梁洞口范围	图面清晰直观
电气	平面布置	机房位置及大小、管井、机房抬板降板、净高、地沟、设备基础、弱电点位布置要求	1. 比例应与接收专业平面视图比例一致； 2. 平面不显示横向路由
	剖面提资	重点空间设备管线排布，穿梁洞口范围	图面清晰直观

建筑专业出图提资视图需求表   表 4.3-2

上游专业	视图类型	视图内容	显示要求
结构	结构平面布置	结构柱、剪力墙、构造柱、开洞、梁看线	1. 轴网、轴网标头、注释标记隐藏； 2. 结构柱、剪力墙、构造柱依据实际材质做填充表达，色彩为灰度（R128，G128，B128）； 3. 平面剖切深度应高于建筑平面剖切深度； 4. 各标高平面分别制作大样提资及小样提资视图
给排水	平面布置	机房布置、管井、集水坑、排水沟、设备基础、消火栓、立管、地漏、水炮、手动控制盘	1. 轴网、轴网标头、注释标记隐藏； 2. 消火栓、灭火器、立管、地漏显示完整
	剖面提资	重点空间设备管线排布，穿梁洞口尺寸、定位	图面清晰直观
暖通	平面布置	机房布置、设备基础	1. 轴网、轴网标头、注释标记隐藏； 2. 必要的设备布置宜淡显，色彩为灰（R128G128B128）
	剖面提资	重点空间设备管线排布，穿梁洞口尺寸、定位	图面清晰直观
电气	平面布置	机房布置	1. 轴网、轴网标头、注释标记隐藏； 2. 必要的设备布置宜淡显，色彩为灰（R128，G128，B128）
	剖面提资	重点空间设备管线排布，穿梁洞口尺寸、定位	图面清晰直观

结构、设备提资视图需求清单详见附录 E。

结构专业主要以建筑专业的提资作为输入条件进行设计或配合。设备专业需要先通过向建筑专业提资，建筑专业按照需求调整或确认后反映在对应模型视图上，再提资给结构专业。结构专业暂无参照其他专业提资底图进行出图的需求。

为便于后续自动导算荷载，需要建筑模型在各个房间的属性中明确地标识出房间的确切功能，该标识动作将直接与结构的计算荷载关联，注意建筑模型中所有区域均有对应的功能信息，包括各种走道、露天、休息空间等。提资视图示例见图 4.3-6～图 4.3-9。

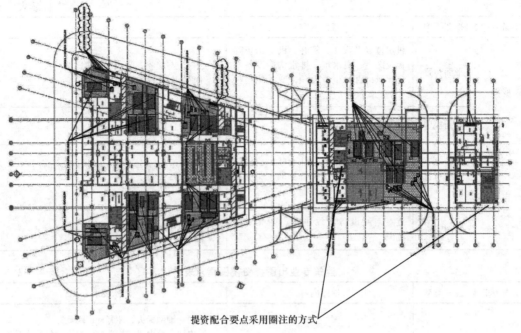

提资配合要点采用圈注的方式

图 4.3-6　设备提建筑配合提资视图

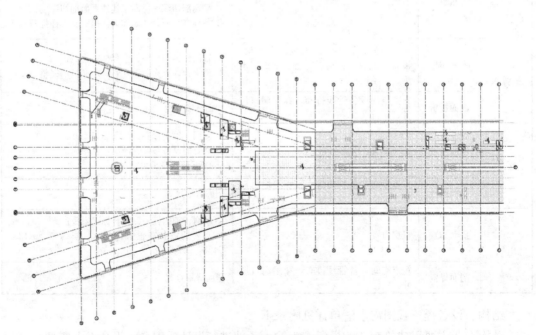

图 4.3-7　建筑提结构配合提资视图

4.3.4　设计方与其他参与方的协同

设计方与其他参与方协同，需基于标准格式的设计文件。Revit 文件作为正向设计的主体文件形式，多数情况下仅可用于正向设计直接参与部门之间的协同。对于其他项目参与方，可能需使用其他文件格式或形式进行协同交流。

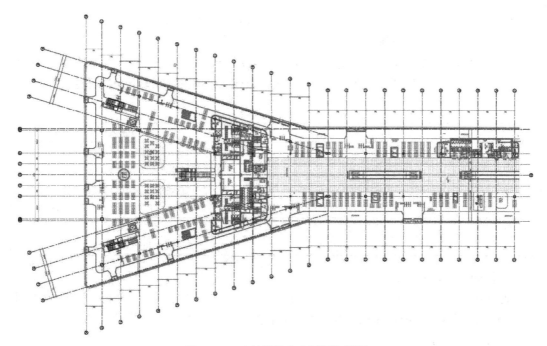

图 4.3-8　建筑提设备出图提资视图

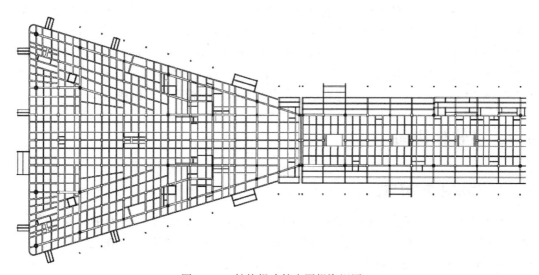

图 4.3-9　结构提建筑出图提资视图

1. 二维矢量图格式协同

AutoCAD 作为行业设计通用软件，在建筑工程设计过程中仍然是不可或缺的工具。采用三维正向设计的项目在与包括业主、部分专业专项设计、施工等项目参与方的交流协同过程中，仍然可能采用 .dwg 格式。

Revit 输出 .dwg 格式通常采用导出，即点击 Revit 菜单中的"文件"➤"导出"➤"CAD 格式"➤"DWG"。须知，Revit 导出的 dwg 格式其图层和颜色取决于 Revit"DWG 导出"的"修改 DWG/DXF 导出设置"（参见 2.1.6 节）。

Revit 输入 .dwg 格式则可直接链接或导入（参见 10.2 节）。

2. 输出（入）常规三维格式

由于项目参与方在参与项目过程中不一定采用 .rvt 格式进行工作，可能使用 .skp、.dwg、.3dm、.sat、.fbx 等更加通用的三维格式。Revit 与上述格式的转换方式详见表 4.3-3。

Revit 与常见格式的转换方式 表 4.3-3

模型格式	Revit 输出	Revit 输入
.skp	使用插件如：Simlab SketchUp Exporter	可直接导入或链接（建议链接）
.dwg	可直接导出	可直接导入或链接（建议链接）
.sat	可直接导出	可直接导入或链接（建议链接）
.fbx	可直接导出	不可直接导入，需使用如 .dwg 等中间格式
.ifc	可直接导出	可直接链接
.3dm	不可导出	较新版本 .3dm 格式可直接导入

3. Revit 软件格式协同

此种方式的协同用于项目参与方均掌握基本 Revit 技术的项目。需要注意的是，由于 Revit 无法保存版本，需要在项目开始前协调各参与方，以确定统一的 Revit 版本。

4. 轻量化平台协同

采用轻量化平台协同的优势在于，通过第三方软件技术将设计模型输出并整合到对计算机硬件要求更低的软件平台。各项目参与方在统一的轻量化平台可以较为完整地查看整个项目，在平台上进行关于设计的交流，甚至形成项目各阶段问题的闭环。在实战中，比较典型的 BIM 轻量化平台包括 Navisworks 和瑞斯图（Revizto），前者在国内环境下常使用线下文件进行交流；后者使用云端数据交流，且可设置定期将 Revit 模型更新到云端。我院三维协同云平台建立了一套完整的轻量化模型浏览和校审功能模块。

4.4 多软件协同

4.4.1 多软件协同方式

多软件协同是常见的工程技术解决方式，本质是对各软件优势资源的协同整合，如图 4.4-1 所示。建立统一的设计信息以及数据交互流程和交互标准，并在此基础上提高信息数据流转、统一管理的效率，如表 4.4-1 所示。

多软件协同格式优缺点 表 4.4-1

软件协同	协同方式	优点	缺点
Revit-Sketchup（1）	.fbx	成功率高，文件大小适宜	材质信息传递有损
Revit-Sketchup（2）	Revit to Su	操作便捷	生成文件较大
Sketchup-Revit	.skp	成功率高	生成 Revit 文件不支持再编辑
Rhino-Sketchup	.sat	适用场景多，支持编辑	协同性较差
Rhino-Revit	RhinoInside	实时协同	现阶段 Revit 中对应构件材质设置功能不完善
CAD-Revit	.dwg 链接	文件便于管理，Revit 文件线型线样式种类不受影响	文字显示支持不完善

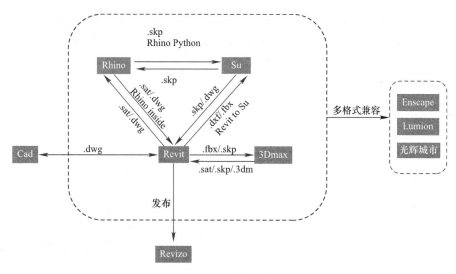

图 4.4-1　软件协同流程

以实现科学理性的空间效果和建构为目标导向的正向设计，贯通设计计算、设计和深化加工，确保建筑构件和复杂空间的高精度实现。根据各软件的自身特点，结合自主研发数据插件，综合应用 Rhino、Revit、PKPM、MIDIS、3D3S、TEKLA、EasyBIM 相互传导，最终形成 BIM 协同设计模型，有效解决设计及施工过程重难点，图 4.4-2 为项目应用案例技术路径。

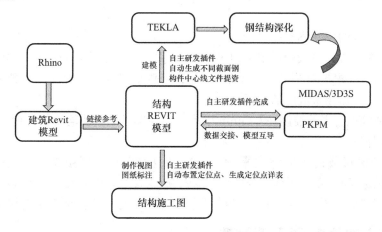

图 4.4-2　项目应用案例

4.4.2　多软件协同数字化应用

1. 屋面系统数字化设计

从底层的几何引擎来说，Rhino 支持全面的 NURBS 建模功能，但 Revit 只支持部分 NURBS 功能。因此合理的工作流是把复杂几何处理放在 Rhino 中解决，把专业协同、信息集成放在 Revit 中解决。

通过 .sat、.dwg 等中间格式，实现了 Rhino 和 Revit 的几何图元无损传递，形成了两者协同的高效工作流，既利用了 Rhino 强大的几何引擎和异形造型处理能力，又利用了 Revit 的信息集成能力。

例如，某机场航站楼屋面三维造型主要在 Rhino 中完成设计推敲和几何定位（图 4.4-3）。由于 Rhino 软件的便捷性，可以适应前中期比较频繁的修改变动，通过多重因素考虑，屋面的初始模型在 Rhino 中完成，然后同步导入 Revit 中生成体量，再进一步生成 Revit 自身的几何图元（图 4.4-4）。

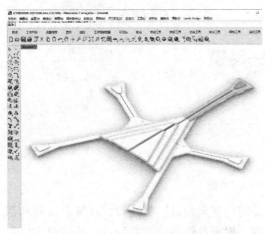
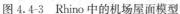

图 4.4-3　Rhino 中的机场屋面模型

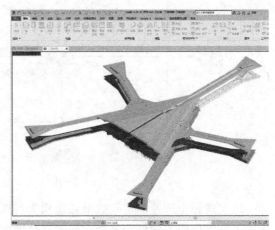

图 4.4-4　Revit 中的机场屋面模型

由于曲面本身的复杂性，只有按照一定规则将曲面进行简化和拓扑优化处理，才能保证 Revit 成功地把 Rhino 导入的几何曲面转化为自身的图元（图 4.4-5 和图 4.4-6）。这些规则包括但不限于：

（1）两套曲线的控制体系：

① 定位曲线：基于平面投影定位的曲线，由直线和圆弧组成，和轴网有明确定位关系。

② 成面曲线：根据对拟合误差和曲面质量控制原则，以及曲面的过渡效果，拆分、拟合定位曲线，形成用来成面的曲线。

③ 其中曲线拟合误差控制在 0.5mm 以下，曲面 UV 结构线均匀且合理。

（2）成面原则：

① 优先考虑形成简单的空间平面，其次是直纹曲面，可接受的是 sweep1 命令和 sweep2 命令形成的面；部分封面命令如大范围的 patch 命令，误差大，不能满足施工要求。

② 要控制裁剪曲面的曲线质量；相邻曲面过渡时，至少应保证很接近相切关系。

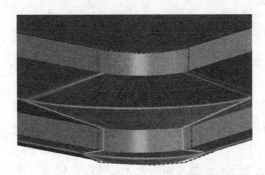

图 4.4-5　檐口转角曲面重建前
结构线不均匀，曲面质量差，难以被其他软件兼容

图 4.4-6　檐口转角曲面重建后
结构线均匀，曲面质量高，衔接过渡保持相切关系

　　遵循上述规则，局部使用不同办法加以调整，全面解决复杂造型建模和软件兼容性问题，最后在 Revit 中按照施工图标准深化模型细节和图纸（图 4.4-7～图 4.4-9）。

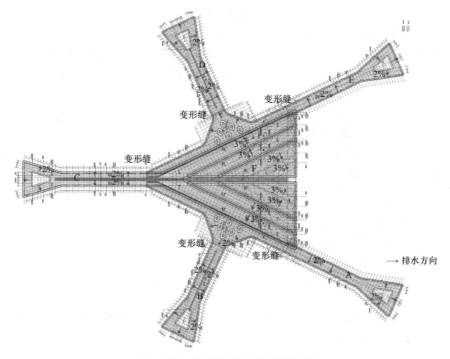

图 4.4-7　项目级应用案例屋顶平面

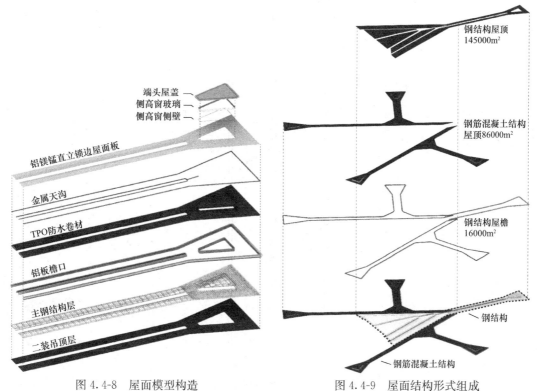

图 4.4-8　屋面模型构造　　　　　　　　　图 4.4-9　屋面结构形式组成

2. 幕墙系统数字设计

完成幕墙形式和幕墙分格方案设计后，与幕墙专项设计进行配合并在 Revit 中完成初步建模，细部复杂部分使用 Rhino 与 RhinoInside 插件辅助深化模型。

机场幕墙具有较为复杂的逻辑性，在 Rhino 中结合 Grasshopper，可以较为快速地创建重复、有逻辑性的构件；再通过 Revit 导入 Rhino 定位特定构件及局部（图 4.4-10）。但要注意过大的模型导入 Rhino 会造成严重的卡顿，需分层分区逐个处理。

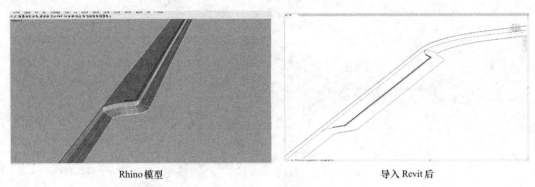

Rhino 模型   导入 Revit 后

图 4.4-10 RhinoInside 导入 Revit

Revit 中幕墙复杂的竖梃造型在进行编辑后，竖梃会打断幕墙玻璃。所以复杂造型的幕墙往往需要通过内建模型的方式单独创建（图 4.4-11）。

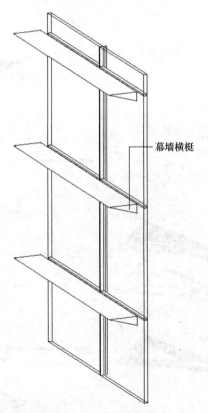

幕墙横梃

图 4.4-11 横梃单独新建

Revit 本身可建较为精细的模型（如铝板的厚度也可以反映在模型中），但较多的面会导致模型过大，从而导致卡顿，建模前需要制定合理的精细度标准，在不影响模型效果的前提下尽量减少幕墙构件数量（图 4.4-12）。

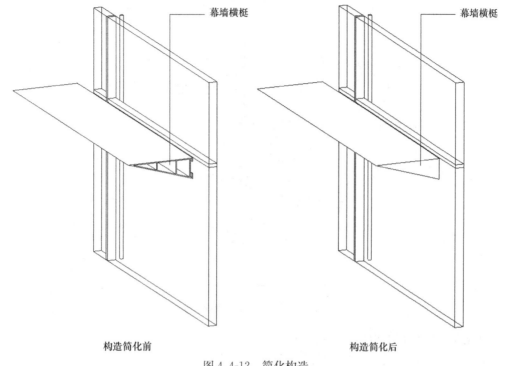

构造简化前 　　　　　　　　　　　　　　　构造简化后

图 4.4-12 简化构造

墙体的装饰面层可以通过插件，在墙体核心层外侧使用幕墙或墙体建模，方便后期墙面装饰层细化及划分调整（图 4.4-13 和图 4.4-14）。

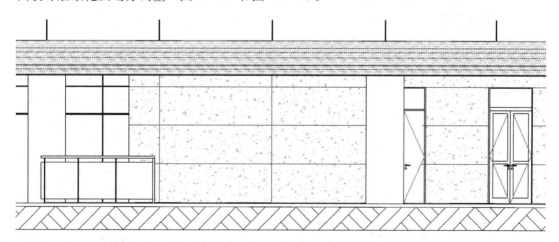

图 4.4-13 立面分缝

3. 总图数字化设计

（1）总图设计模型内容：

① 场地周边原有、规划道路等；

75

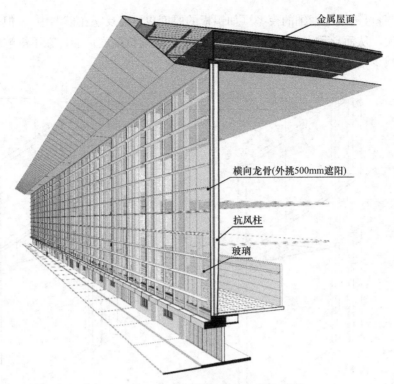

图 4.4-14 航站楼指廊幕墙模型剖透视

② 场地内需保留的地形、地物等;

③ 场地内拟建建筑物、构筑物、道路、停车场、广场等。

④ 场地周边原有及规划的绿化带、沟渠、水体等;

⑤ 场地内拟建绿化带、沟渠、水体、休闲设施等;

⑥ 场地内拟建雕塑小品等。

(2) 建模要点

总图数字化设计建模要点详见表 4.4-2。

建 模 要 点   表 4.4-2

内容	要求说明	备注
单位	总图设计建模单位应与单体设计建模单位统一,即使用毫米（mm）,以免与单体进行几何数据交流时产生错误	总图的标记标注单位可依据成果输出需求选择毫米或米（mm 或 m）
地理位置	地理位置涉及项目所在地块的地球经纬度坐标（如: $x° y' z E$, $x° y' z N$）,其设置的正确性和精度影响项目日照采光、热负荷、风环境、气候环境等计算分析的正确性和精度（项目朝向同样牵涉上述计算分析,详平面布置）,未来甚至牵涉项目智能化设计资源数据获取的正确性和精度。地理位置的正确设置应为总图设计首要任务	地理位置的设置,其精度无需如测绘坐标般精细,大部分 BIM 软件（如: Revit）仅需要在专门位置（Revit 中: 管理-项目位置-地点）设置即可
平面布置	总图平面布置中,需确定并设置: 1. 项目地块在所属城市测绘坐标体系（如: $X = xxx.xxx$　$Y = xxx.xxx$）或部分项目使用独立坐标系（如: $A = aaa.aaa$　$B = bbb.bbb$）中的位置数值; 2. 各单体在总图中的位置和朝向,即"项目北"与"正北"的角度关系。设计需保证上述平面数据延续至单体（如: 轴网）设计中	正北: 即指北针所指示的地球磁极北方向。 项目北: 即为制图方便而确定的项目主要平面（如: 首层平面）在图纸上的上方向

内容	要求说明	备注
竖向设计	总图竖向设计中，需确定并设置项目地块在所属城市测绘坐标体系（Z：$\pm0.000=zzz.zzz$）中的竖向位置数值。 城市测绘平面（X，Y）和竖向（Z）坐标共同组成了项目完整的城市三维坐标体系。完整设置此体系即可确定项目内（单体之间），以及城市空间中（项目之间）的正确相对位置关系。 设计同样需保证上述竖向数据延续至单体（如：标高）设计中	共享坐标：Revit 中，可以使用已正确设置三维（XYZ）坐标的总图模型链接对准各单体后，向各单体发布坐标，形成项目的共享坐标体系

（3）建模方法

① AutoCAD Civil3D

● 地形建模

在 Civil3D 中建立地形：通过创建曲面完成，先创建一个空的曲面对象，然后把源数据（例如测量点、等高线、DEM 文件等）添加到曲面定义中，就可以生成曲面。通过数据源生成三角网曲面的方式包括使用 Civil3D 点数据创建曲面，使用 AutoCAD 对象创建曲面，使用 GIS 数据创建曲面，使用 LandXML 创建曲面等。

● 场地设计

AutoCAD Civil3D 的场地设计工具既能完成平面规划设计，又能完成竖向设计。主要通过创建地块、地块标签和表格、场地放坡及要素的应用快速构建三维场地模型，精确计算场地土方工程量，达到竖向设计最优化。

● 道路设计

通过 Civil3D 创建和编辑路线，创建和编辑道路纵断面，进而创建道路模型。

② Autodesk Revit

Revit 软件目前在场地功能上的支持还较弱，虽然可生成地形，但设计成果远没有 Civil 3D 强大，且目前 Revit 中没有专门的道路设计功能，对于简单的场地和道路建模可以通过子面域和表面拆分完成，但对于地形复杂的场地和道路则建模难度较大。因此，目前在选用 Revit 软件进行总图设计时，主要解决简单的场地设计建模以及室外管线综合优化问题。

③ Environment for revit

专业景观设计插件-Environment 解决了 revit 在场地和总图建模上的痛点：地形坡度生成楼板属性的场地和道路；可进行场地的编辑、场地构件的深化、道路的坡度和道路与场地关系的处理。相较于 Civil3D，虽然没有强大的场地和道路设计能力，但是对于相对稳定的总平面和场地设计的模型建立具有直观、便捷和快速的效果。并且可以在 revit 中进行实时编辑。

图纸作为现阶段建筑工程设计重要的交付成果及法律依据，是正向设计工作的重点内容，同时也是建筑师验证成果准确性和正确性的重要工具。通过制图过程能够发现一些模型中容易忽略的信息。本章结合工程实践，阐述正向设计中典型施工图的制图方法。

5.1 基本操作

5.1.1 创建图纸

Revit 使用"图纸"功能实现出图，每张图纸可看作一个容器，装载标题栏（图框）和图纸内容（视图、图例、明细表等）。如图 5.1-1 中左图所示，在项目浏览器中的最高层级可以看到由视图、图例、明细表、图纸、族、组、Revit 链接组成。右图则是已经放置了内容的部分图纸层级结构。

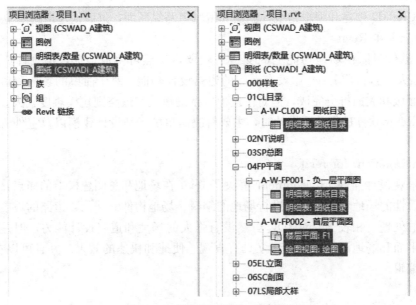

图 5.1-1 图纸与视图、明细表

使用"视图"➤"图纸组合"➤"图纸"工具可以创建图纸，每张图纸上可以放置一个或多个视图、图例、明细表等。具体放置方法在后文阐述。

按照以上操作后会弹出【新建图纸】对话框（图 5.1-2），选择一个对应尺寸的"标题栏"尺寸，若缺少相关尺寸的标题栏，可以点击"载入"按钮将其他标题栏载入当前

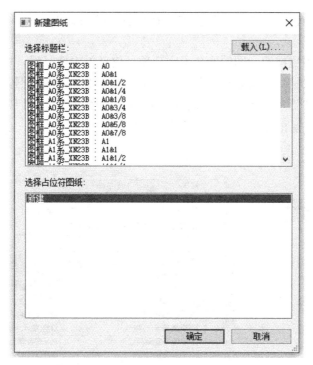

图 5.1-2　新建图纸对话框

项目中。

5.1.2　修改图名图号

图 5.1-3　图纸标题对话框

选中"项目浏览器"中"图纸"下的当前的图纸，鼠标右键单击，选择"重命名"，在弹出的【图纸标题】对话框输入编号及名称（图 5.1-3），点击"确认"即完成一张图纸的创建。然后，将已有的视图或新建视图添加到图纸中，完成图纸的布置工作。图框的形式和大小可以在项目进行过程中通过选择图框后在属性栏中更改。

5.1.3　添加图纸内容

图纸内容包含平面视图、剖面视图、立面视图、三维视图、绘图视图、明细表、图例等。

通过点击菜单栏中"视图"➤"图纸组合"➤"视图"按钮，弹出【视图】对话框，如图 5.1-4 所示。选择对应的视图，点击"在图纸中添加视图"并添加到图纸中。亦可以拖动"项目浏览器"中对应的视图到图纸中。图例、明细表的添加方法类似。

这里需要注意，一个视图只能添加到一张图纸中。如需将相同视图添加到不同图纸中，则需要在项目浏览器中右键点击该视图，然后选择"复制作为相关"，再将复制后的视图添加进图纸中。而图例、明细表等则不受此约束，可以添加到不同的图纸中。

5.1.4　设置项目信息

"项目信息"（Project Information）指项目相对统一、稳定的总体信息，如项目名称、项目负责人等文字类信息。项目信息多展示在项目图纸图签中，Revit 提供项目信息与图框图签联动功能。

通过合理设置项目样板、图框族，可实现项目信息单次填写后，在多个图框中自动同步显示。此过程涉及针对"项目信息"类别共享参数的添加，在此不做赘述。

使用中，点击"管理"➤"项目信息"，在弹出的【项目信息】对话框填写相关的信息，图 5.1-5 为某设置相对完善项目的【项目信息】对话框。

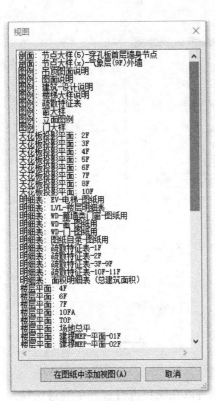

图 5.1-4　视图对话框

图 5.1-5　项目信息对话框

5.2　图纸目录

5.2.1　基本图纸目录的创建

通常采用明细表功能创建图纸目录的视图，菜单栏选择"视图"➤"明细表"➤"图纸列表"，打开【图纸列表属性】对话框（图 5.2-1），选择"可用的字段"，添加到"明细表字段"中并调整顺序，即可完成图纸列表的制作。如需要，可双击首行，将名称从"图纸列表"修改为"图纸目录"（图 5.2-2）。完成后的内容会出现在"项目浏览器"中"明细表/数量"下。通过前文介绍的方法，可以将图纸目录添加到对应的图纸中。

图 5.2-1　图纸列表属性对话框

〈图纸目录〉							
A	B	C	D	E	F	G	H
序号	名称	图号	图别	图幅	版本	出图日期	备注
01	图纸目录	A-W-CL001	建施	A1	0	2023-03	图纸目录本页
02	设计说明	A-W-NT001	建施	A1	0	2023-03	
03	措施表	A-W-NT002	建施	A1	0	2023-03	

图 5.2-2　一个初步设置的图纸目录明细表

在浏览器"明细表/数量"下双击打开刚建立的"图纸目录"明细表，可在属性面板对其字段、过滤器、排序/成组、格式、外观等相关内容再次编辑（图 5.2-3）。图纸目录可预设到项目样板中。

图纸目录明细表设置过程涉及针对"图纸"类别共享参数的添加，在此不做赘述。一般情况下图纸目录的格式较为固定，设置好后可保存在项目样板中方便使用。

5.2.2　图纸分工策划

通过活用图纸目录明细表，添加设计人员参数字段并依据设计人员参数分组，可以实现设计人员图纸分工策划，有利于设计人员众多的复杂项目管理（图 5.2-4）。

图 5.2-3　图纸目录属性面板

〈图纸分工策划〉			
A	**B**	**C**	**D**
名称	图号	设计人	校对人
墙身节点大样图15	A-W-DT120	贾**	季**
墙身节点大样图16	A-W-DT121	贾**	季**
贾**：2			
图纸目录	A-W-CL001	费**	季**
ES-C-L2-01,02大样图	A-W-ES013	费**	季**
ES-C-L2-03,04大样图	A-W-ES014	费**	季**
ET-C-P03,04,05, ET-C-S01,02, ET-C-G01大样图	A-W-ET022	费**	季**
MW-C-L1a-01,02, MW-C-L3-01,02大样图	A-W-MW011	费**	季**
MV-C-L1a-03,04,09,10,11,12大样图	A-W-MW012	费**	季**
MW-C-L1a-05,06,07,08大样图	A-W-MW013	费**	季**
MW-C-L2-01,02,03,04,05,06,07,08大样图	A-W-MW014	费**	季**
MW-C-L3-03,04,05,06,07,08大样图	A-W-MW015	费**	季**
门窗说明及门窗表	A-W-NT001	费**	季**
卫生间分项设计说明	A-W-WR001	费**	季**
费**：11			
L2层C2区平面图	A-CN004-001	杨**	季**
L3上夹层C2区平面图	A-W-FP309	杨**	季**
L3层C2区平面图	A-W-FP322	杨**	季**
L1上夹层C2区平面图	A-W-FP356	杨**	季**
L1层C2区平面图	A-W-FP373	杨**	季**
房中房大样14	A-W-LS114	杨**	季**
房中房大样15	A-W-LS115	杨**	季**
ST-C-03/ST-C-07楼梯详图	A-W-ST022	杨**	季**
ST-C-04楼梯详图	A-W-ST023	杨**	季**
WR-C-L1-01/02卫生间详图；WR-C-L1a-04卫生间详图	A-W-WR026	杨**	季**
WR-C-L2-05/06卫生间详图；WR-C-L3-04/05卫生间详	A-W-WR027	杨**	季**
杨**：11			

图 5.2-4　图纸分工策划

5.3　设计说明及措施表

设计说明的表现形式以文字、数据、表格为主，可以通过绘图视图功能编写设计说明。单击菜单中的"视图"➤"绘图视图"，选择合适比例，建立空白视图，编写设计说明（图 5.3-1）。

绘图视图可以支持文字和详图线等内容的编辑与绘制，完成设计说明的绘图视图后，将此绘图视图添加到对应的图纸中，即可完成设计说明主要部分的编制（图 5.3-2）。

此外，设计说明正文中，如若出现与模型关系密切的实体统计数据（如电梯表等），则可通过明细表提取模型数据，再将对应的明细表放置在设计说明的图纸中。此处注意，无法将明细表添加到设计

图 5.3-1　新绘图视图对话框

说明的绘图视图，而需要添加在图纸中。

表 5.3-1 列出了用于明细表提取信息的构件，可根据项目的实际情况酌情选择。

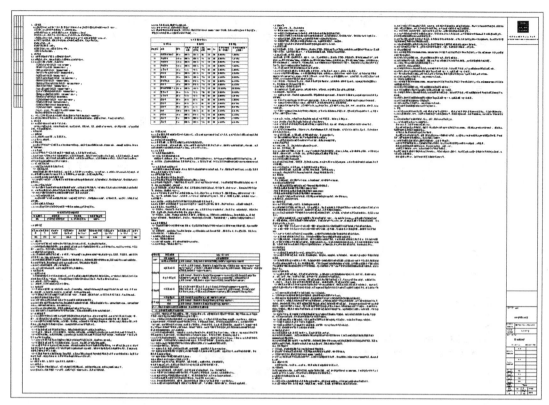

图 5.3-2　包含明细表的设计说明图纸

设计说明中常用明细表统计构件　　　　　　　　　　　　　　　表 5.3-1

构件名称	常用明细表字段
电梯	编号、类别、消防信息、速度、基坑深度、轿厢尺寸、冲顶高度……
自动扶梯	编号、基坑深度、速度、角度、提升高度、宽度……
自动步道	编号、基坑深度、速度、宽度……

5.4　平面图

Revit 中平面视图基于标高创建。所以在创建平面视图前，首先要确认存在所需平面对应的标高。全专业正向设计中，针对一个标高需要创建至少三张平面视图：工作平面视图、提资平面视图、出图平面视图。工作平面视图主要用于本专业的图纸绘制和模型建模；提资平面视图用于专业配合；出图平面视图则用于添加到图纸中，形成最终的图纸文档。

5.4.1　创建平面视图

平面视图采用点击 Revit 菜单栏"视图"➤"平面视图"➤"楼层平面"创建。在【新建楼层平面】对话框（图 5.4-1）选中需要创建平面视图的一个或多个标高，即可创建对应标高的平面视图。

注意，如果所需的平面视图对应的标高未显示在列表中，应是该标高已创建有对应的平面视图。如果创建基于该标高更多的平面视图，则需取消"不复制现有视图"复选框。

5.4.2 复制平面视图

第一个平面视图创建后，基于同一个标高的第二个及后续平面视图可采用"复制视图"的方式获得。在 Revit"项目管理器"中找到对应平面视图，鼠标右键单击。在弹出的菜单中选择"复制视图"，可以看到其下有三个选项，分别为"复制""带细节复制""复制作为相关"（图 5.4-2）。

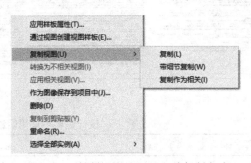

图 5.4-1 新建楼层平面对话框   图 5.4-2 复制视图选项及三种复制方式

三种选项的差异在表 5.4-1 列出。

复制选项差异   表 5.4-1

复制选项	复制三维显示设置	复制二维图元	二维图元同步
复制	是	否	否
带细节复制	是	是	否
复制作为相关	是	是	是

注：
(1) 复制三维显示设置：复制当前视图中所有三维模型的显示设置（包含当前隐藏图元设置），不含二维图元。
(2) 复制二维图元：复制当前视图中所有注释、文字、详图线、导入/链接的 CAD 图等二维图元。
(3) 二维图元同步：在原视图和复制作为相关视图任意一处添加、删除、修改二维图元后，另外一张也会同步修改。

设计者可合理选择上述复制选项，进行平面视图的复制。

5.4.3 设置平面视图

通过创建、复制得到一张平面视图后，需要对其进行图形显示设置，然后才能深化标注。一般相对固定的图形显示设置会保存为视图样板，通过应用视图样板可以获得主体图形显示设置。打开需要修改的平面视图，在其属性面板中点击"视图样板"按钮，即可打开【指定视图样板】对话框（图 5.4-3）。

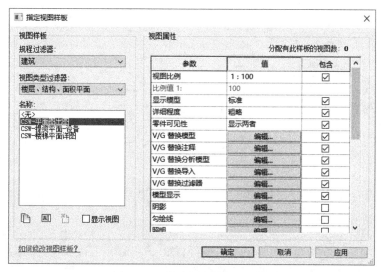

图 5.4-3　指定视图样板对话框

在面板中视图类型过滤器中选择"楼层、结构、面积平面"，然后在名称下方选择所需视图样板，点击确定即可应用预设好的视图样板或对视图样板进行编辑。

可以看到，在【指定视图样板】对话框右侧"视图属性"中可对平面视图样板进行设置，常用的可能会需要修改的内容如下：

出图比例：依据项目平面规模，选择恰当的视图比例。其中以 1/100、1/150、1/200 为常见比例。

详细程度：依据平面显示需求，选择恰当的精细程度，有粗略、中等和精细三个选项。

可见性设置：包含 V/G 替换模型、V/G 替换注释、V/G 替换分析模型、V/G 替换导入四个选项。可进行关闭参照线、参照平面、立面标记、辅助剖切符号等操作，以达到出图的要求。

过滤器设置：包含 V/G 替换过滤器，可以实现降板填充、防火门突出显示、链接模型显示控制等需求。

通过上述处理后，可以得到模型显示控制符合需求的待标记标注平面视图。图 5.4-4 以工程实例展示了经过基本设置后的平面视图以及标注后的视图。

5.4.4　标记、符号

Revit 构件标记方式有两种，可以采用按类别标记（逐个标记）或者全部标记的两种方式。两个按钮均位于菜单栏"注释"➤"标记"下，可对门、窗等构件进行标记。标记依托于被标记的主体（host）而存在，主体被删除或隐藏，标记也会被删除或隐藏。

1. 按类别标记

按类别标记靠近被标记构件，点击鼠标左键，即可进行标记。选中标记族实例后，可

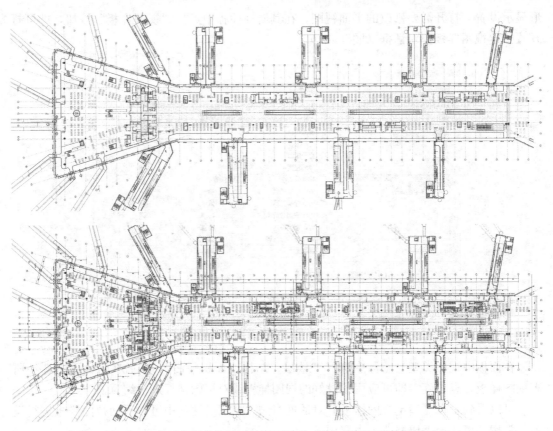

图 5.4-4　经过处理的待标记的平面视图（上）及标记后的视图（下）

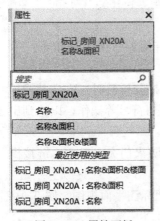

图 5.4-5　属性面板
更换标记类型

在属性面板中替换标记的族或类型（图 5.4-5）。

2. 全部标记

全部标记则可以一次性对当前视图中门、窗、房间等进行分类别标注。点击菜单栏"注释"➤"标记""全部标记"，打开【标记所有未标记的对象】面板，选中左侧，勾选被标记实例的类别（如"房间标记""门标记""窗标记"等），右侧下拉菜单选择该类别选用的标记族和类型，点击"确定"即可完成被选类别在当前图面所有实例的标记。需要注意，根据不同的项目样板以及载入族的不同，在图 5.4-6 所示的面板中，右侧"载入的标记"下拉菜单内容会有所不同。

3. 符号

为了满足制图规范的标准，在 Revit 中需要自定义制作一些符号族，对视图中的内容进行标注。点击菜单中的"注释"➤"符号"➤"符号"，激活符号工具，在属性面板中（图 5.4-7 左）选择要使用的符号族（图 5.4-7 右）。

5.4.5　尺寸标注、标高标注

标注工具位于菜单中的"注释"➤"尺寸标注"中。可进行对齐、线性、角度、半径、直径、弧长、高程点、高程点坐标、高程点坡度的标注（图 5.4-8）。当点击任意一个

图 5.4-6 标记所有未标记的对象对话框

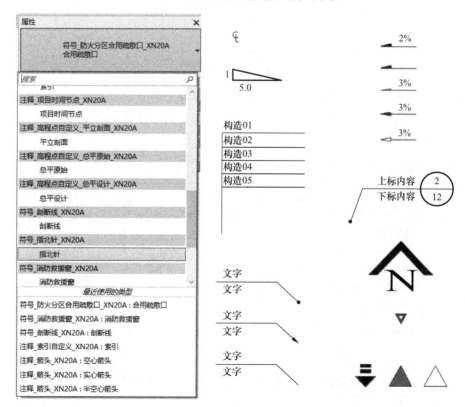

图 5.4-7 符号属性面板（左）及一些常见的自定义符号（右）

工具，则会在菜单栏最右侧弹出"修改｜放置尺寸标注"子菜单（图 5.4-9），同时激活该工具的标注。此时鼠标移至被标注物体即可进行标注。标注依托于被标注的主体（host）

而存在，主体被删除或隐藏，标记也会被删除或隐藏。

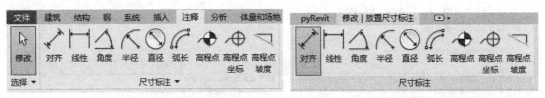

图 5.4-8　注释下的尺寸标注菜单　　　　图 5.4-9　激活对齐工具后的子菜单

5.4.6　详图索引

详图索引位于菜单栏"视图"➤"创建"➤"详图索引"中，点击按钮之后会激活"修改｜详图索引"子菜单以及详图索引工具。在平面、立面、剖面等视图中点击即可创建详图索引。默认会创建一个局部详图索引视图（图 5.4-10）。

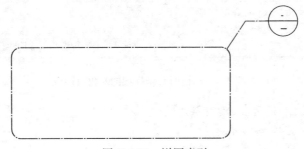

图 5.4-10　详图索引

如果需要创建的详图有类似已创建的视图，可以在"修改｜详图索引"子菜单中，选中参照其他视图的复选框（图 5.4-11 左）。在下拉选单中选择参照的视图，即可完成参照类型的详图索引（图 5.4-11 右）。

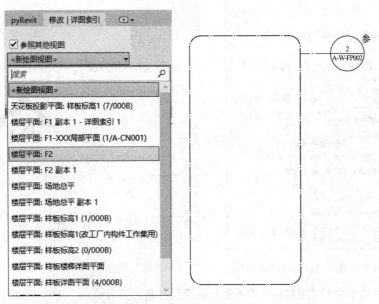

图 5.4-11　详图索引子菜单（左）和已经绘制的参照详图索引（右）

5.5　立面图、剖面图

5.5.1　创建立面视图

Revit 默认的状态存在四个方向的立面视图（图 5.5-1 左），在平面视图中以立面标记（图 5.5-1 右）表示。移动立面标记到合适位置即可。

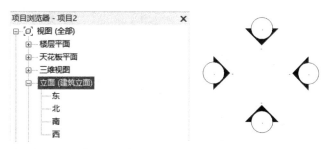

图 5.5-1　默认的四个立面（左）及对应立面标记（右）

如果需要增加新的立面视图，则需要进行如下操作。在平面视图中，点击菜单栏中的"视图"➤"创建"➤"立面"（图 5.5-2），放置立面标记后，得到此处的正投影立面图。在此基础上进行图形显示处理、标记、注释，得到成图（图 5.5-4）。

图 5.5-2　菜单栏创建立面

平面视图中的立面标记选择分为两种，点击标记的三角形区域会出现立面范围调节框（图 5.5-3 左），可用于修改立面所显示的范围。点击圆形区域拖动（图 5.5-3 右），可移动立面标记的位置。

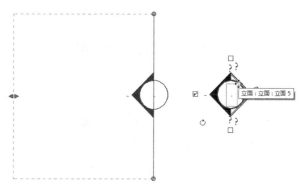

图 5.5-3　立面标记

调整立面标记范围（左），调整立面标记位置（右）

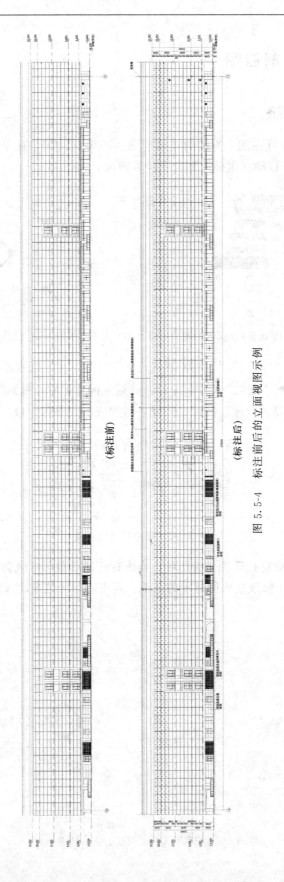

图 5.5-4　标注前后的立面视图示例

5.5.2　立面材质标记

要使用材质标记功能，需要在模型的外墙、玻璃、装饰等构件中提前设置好材质信息。操作方法为选择菜单中的"注释"➤"标记"➤"材质标记"（图 5.5-5）。然后点击需要标记的构件即可。

图 5.5-5　材质标记

5.5.3　立面填充及图例

立面材质的填充样式，通过在立面视图中修改。图例则需要创建图例视图。

1. 立面材质填充样式修改

点击某类构件中的一个，在其属性面板中点击"编辑类型"，弹出【类型属性】对话框（图 5.5-6 左）。在"类型参数"下"构造"子表中点击"结构"后的"编辑"，弹出【编辑部件】对话框（图 5.5-6 右）。在其中选择对应材质后的"…"按钮，弹出【材质浏览器】对话框（图 5.5-7）进行编辑。

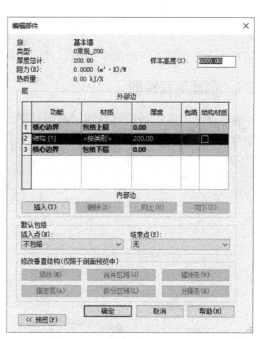

图 5.5-6　类型属性对话框（左）和编辑部件对话框（右）

2. 创建图例视图单击菜单栏"视图"➤"创建"➤"图例"➤"图例"，弹出【新图例视图】对话框（图 5.5-8），名称设置为"立面图例"，比例设置同立面视图，点击确定即可。在新建的图例视图中利用"注释"➤"文字"和"注释"➤"区域"➤"填充区

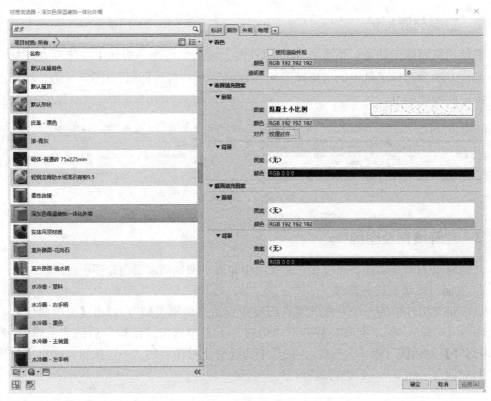

图 5.5-7　材质浏览器对话框

域"工具绘制立面图例和文字说明。再将图例视图添加到立面图纸中即可。

5.5.4　创建剖面视图

剖面视图的应用场景可分为剖面图制图、剖面协调工作两类。在实际项目中将剖面视图分为多个类型更加易于使用。图 5.5-9 所示为常用的几种剖面类型。

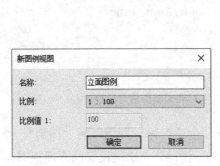

图 5.5-8　新图例视图对话框　　　　图 5.5-9　剖面标记

打开平面视图，单击菜单栏"视图"➤"剖面"（图 5.5-10）激活剖面绘制工具，在属性面板中选择对应剖面类型。然后，在平面视图中绘制剖切线，此时除了在平面视图中绘制了一个剖面标记外，还会生成相应的剖面视图。

对生成的剖面视图应用出图用的剖面视图样板，得到一张出图用的待标注剖面视图（图 5.5-11），在此视图的基础上进行图形显示处理：遮罩、填充、标记、注释……得到完善的剖面视图。最后将其放在剖面图纸中，形成最终的成果。

图 5.5-10　剖面标记

5.5.5　剖面显示样式

生成剖面视图后，需要调整视图"可见性/图形"。调整方式分为两种：一种是直接调整本视图的"可见性/图形"；另一种是修改剖面视图样板的"可见性/图形"。

前者单击菜单栏"视图"➤"图形"➤"可见性/图形"，打开【可见性/图形替换】对话框进行调整，也可以使用"VV"快捷键调出。在视图已经使用视图样板的情况下，此视图的【可见性/图形替换】对话框内容为灰色，无法调整。

后者则需要在视图属性面板中找到"标识数据"子栏目，点击"视图样板"后面的按钮。在弹出的【指定视图样板】对话框中选择名称"剖面图出图"的视图样板。再点击"视图属性"的"V/G 替换模型"后的"编辑"，弹出剖面视图样板的【可见性/图形替换】进行调整。需要注意的是，必须先选择对应的样板再进行调整，否则可能更改到其他视图样板，造成图面混乱的情况。剖面视图样板调整的显示样式主要包括截面填充、轮廓线、详细程度、可见性四个方面。

1. 截面填充及轮廓线

剖面视图中，需要对结构构件的截面填充样式进行设置，如"结构框架""结构梁""楼板"等。根据模型组织结构选择设置"模型类别"或者"Revit 链接"选项。

单击菜单栏"视图"➤"图形"➤"可见性/图形"，打开【可见性/图形替换】对话框（图 5.5-12）进行调整，在"模型类别"选项卡下"可见性"列表中找到需要修改的构件。在其对应的"截面"➤"填充图案"（或"截面"➤"线"）中点击"替换…"，即可对填充图案和线型进行修改。

链接文件的剖面视图处理，通过【视图可见性/图形替换】对话框中的"Revit 链接"选项卡，选择链接文件，点击"自定义"，同样可进入构件截面调整的界面进行设置。

对建筑构件如楼板面层、楼梯面层、门、室外台阶踏步坡道等，可通过上述方法，或者结合过滤器、工作集对构件进行筛选，对选中构件的显示样式进行调整。打开【视图可见性/图形替换】，选中"过滤器"选项卡（图 5.5-13），点击"编辑/新建"按钮，选择要筛选的构件类别，可以是多种类别，通过规则设置进行筛选。

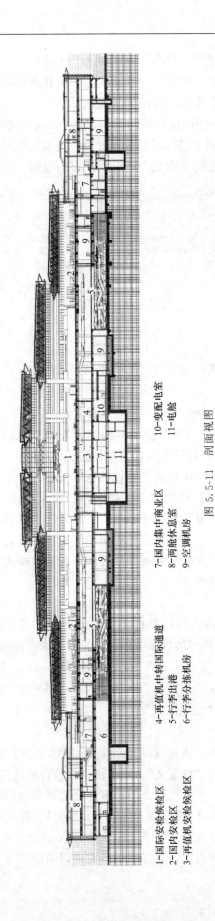

1-国际安检候检区
2-国内安检区
3-再值机安检候检区

4-再值机中转国际通道
5-行李出港
6-行李分拣机房

7-国内集中商业区
8-两舱休息室
9-空调机房

10-变配电室
11-电舱

图 5.5-11　剖面视图

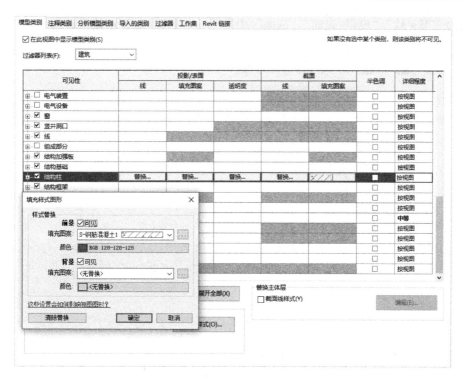

图 5.5-12　剖面视图可见性/图形替换截面样式

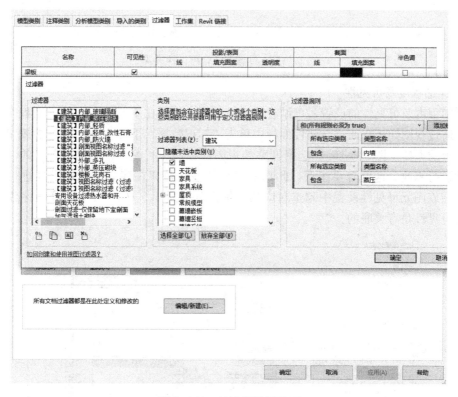

图 5.5-13　过滤器设置界面

回到"过滤器"选项卡，单击"添加"按钮，添加刚刚设置好的过滤器，在对应过滤器后面的"可见性""投影/表面""截面"中（图 5.5-14），对显示效果进行设置。

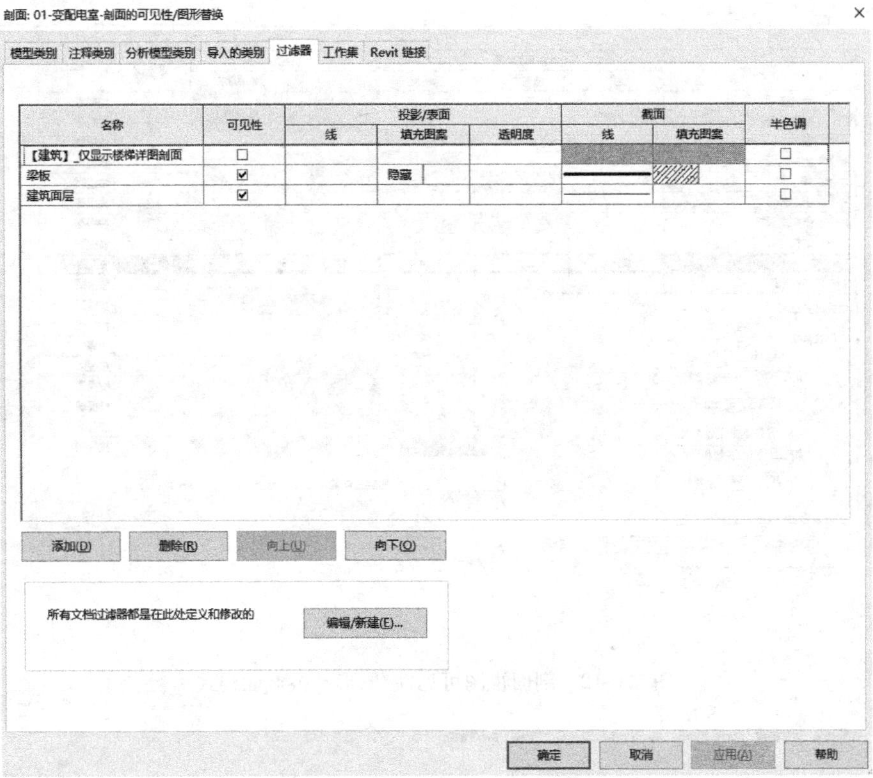

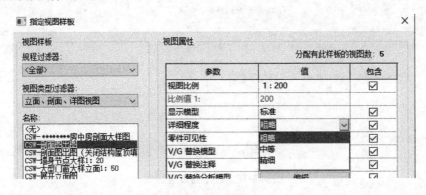

图 5.5-14　过滤器结合可见性设置

2. 详细程度及可见性

详细程度及可见性的设置，可结合族建立过程中设置在不同视图中的详细程度。详细程度可通过视图样板，通过在属性面板中单击"标识数据"下"视图样板"的按钮，进入视图样板的调整（图 5.5-15）。选择调整的视图样板，在右侧"视图属性"下的"详细程度"中进行修改。这里需要注意，此功能实现的基础是族在建立过程中已经进行细分建构，并在族图元可见性设置中勾选对应的详细程度（图 5.5-16）。从这个角度来说，详细程度与可见性是有关联的。

图 5.5-15　详细程度设置

图 5.5-16　族图元可见性设置界面

5.6　楼电梯详图

建筑楼电梯详图主要包括楼电梯平面、楼电梯剖面、通用大样图、楼电梯附注等内容。在正向设计中，还可以用三维轴测图辅助表达。

5.6.1　楼梯平面详图

1. 创建楼梯详图平面视图

在建筑平面图中对楼梯进行编号以后，选用详图索引功能，点击选择适当的平面范围作为楼梯电梯平面详图。由于楼电梯操作方法类似，在此仅用楼梯作为示例。点击菜单中的"视图"➤"创建"➤"详图索引"➤"矩形"（图 5.6-1）。

图 5.6-1　详图索引

然后在楼梯附近绘制详图索引视图，即可创建楼梯的详图平面视图（图 5.6-2）。

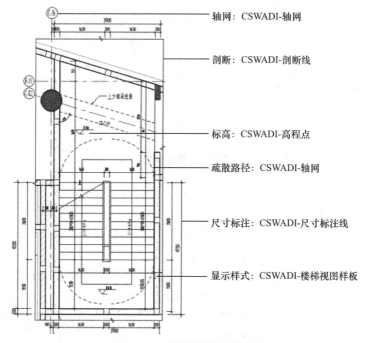

轴网：CSWADI-轴网

剖断：CSWADI-剖断线

标高：CSWADI-高程点

疏散路径：CSWADI-轴网

尺寸标注：CSWADI-尺寸标注线

显示样式：CSWADI-楼梯视图样板

图 5.6-2　楼梯平面视图构成

2. 旋转视图

为便于深化楼梯设计、便于制图，需要旋转视图，可以通过选中详图视图索引框，此时菜单栏会出现并跳转到"修改｜视图"选项卡，使用其中的"修改"➤"旋转"（图 5.6-3）

即可对是图框进行旋转操作（图 5.6-4）。

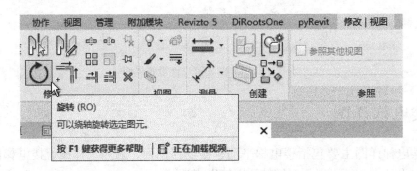

图 5.6-3　旋转命令

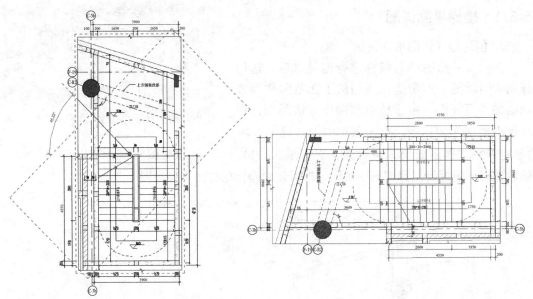

图 5.6-4　旋转裁剪框以旋转视图

图 5.6-5　剖面标记的右键菜单

5.6.2　楼梯墙身详图

楼梯的墙身详图需要在上一节创建的楼梯平面详图视图中创建一个剖面，注意不必在楼层平面视创建此剖面。具体操作如下，双击平面视图中详图索引标记的圆圈，进入详图索引平面视图。

在此视图中绘制剖面，单击菜单"视图" ➤ "创建" ➤ "剖面"，绘制剖面标记。然后在剖面标记上单击右键，点击"转到视图"（图 5.6-5），即可进入楼梯剖面，即楼梯详图所需绘制的视图中。

这样即可得到一张待标注的楼梯墙身大样，在此视图的基础上进行图形显示处理、标记、注释，得到成图。

5.7　门窗详图

5.7.1　门窗大样图例视图

门窗大样图可采用图例构件来表达，而图例构件必须在图例视图中才能创建。首先，需要创建一个图例视图。以窗大样为例，单击菜单"视图"➤"创建"➤"图例"➤"图例"，在弹出的【新图例视图】对话框中，名称为"窗大样"，比例为"1∶50"，然后点击"确定"。

其次，在此视图中创建窗图例。单击菜单"注释"➤"详图"➤"构件"➤"图例构件"，在视图中放置窗图例。选中图例后，可以在菜单栏下方视口上方的状态栏中点击"族："后面的下拉菜单（图 5.7-1）中选择正确的窗，在视图下拉菜单中通常选择"立面：前"。

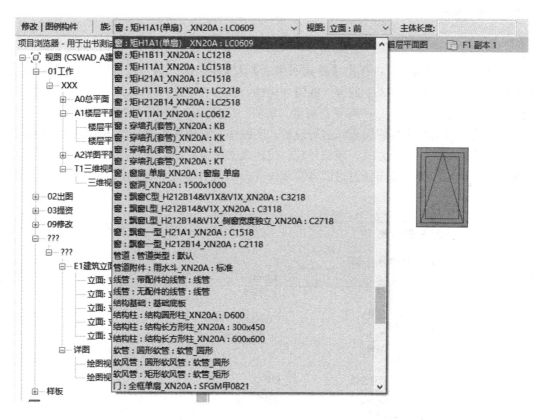

图 5.7-1　选择窗图例列表

再次，移动窗的位置，并按照施工图的标准补充窗层线、标高、尺寸等信息。最后形成完整的图例视图（图 5.7-2）。

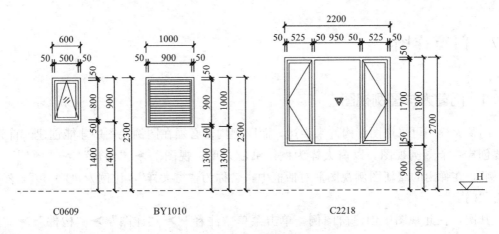

图 5.7-2　窗大样图例视图示例

最后，将图例视图布置到图纸中，即可完成门窗详图的制图。

5.7.2　门窗表

门窗表采用明细表功能（参见 2.1.5 明细表），单击菜单"视图"➤"创建"➤"明细表"➤"明细表/数量"，弹出【新建明细表】对话框（图 5.7-3）。设置过滤器列表为"建筑"，选择"类别"列表下的窗（或门）构件，点击确定进入下一步。此时弹出【明细表属性】对话框（图 5.7-4），可分别调整"字段""过滤器""排序""格式""外观"选项卡中的内容，以对窗表（或门表）进行设置。实践中，需依次调整门窗表标题栏的统计信息类别、排列顺序、统计方式、表格外观。门窗族文件应根据需要批量录入参数信息，如子项、区域、部门等，便于通过过滤器实现分类分区统计。最终得到如图 5.7-5 所示的门窗表。

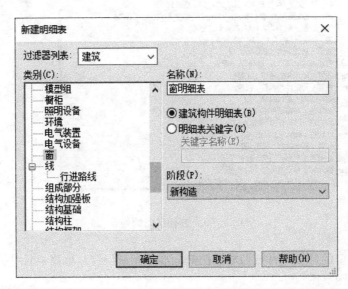

图 5.7-3　新建明细表对话框

图 5.7-4　明细表属性对话框

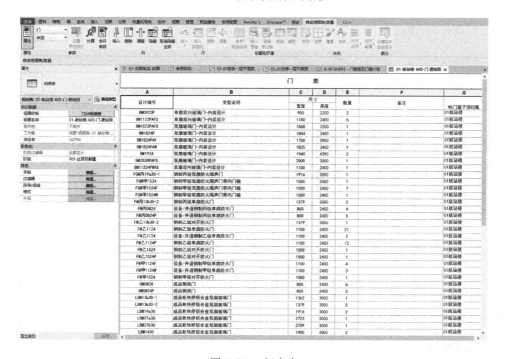

图 5.7-5　门窗表

5.8　三维视图

正向设计可以帮助设计师更好地理解建筑物的空间、比例和尺度，从而提高设计的准确性。而三维视图则是其中有效的辅助表达方式。

5.8.1　三维视图辅助表达

三维视图主要表达的方面有：三维整体轴测图（图 5.8-1）、局部轴测视图（图 5.8-2）。

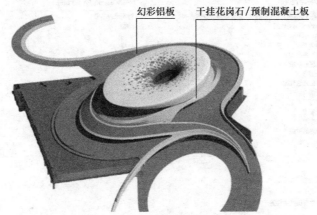

图 5.8-1　三维整体轴测图

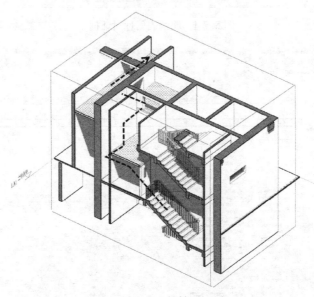

图 5.8-2　局部轴测视图

5.8.2　三维视图表达要点

1. 范围设置

剖面框、角度是三维视图表达的关键参数。在当前平面视图中，框选三维视图需要包含的模型构件，点击"修改/选择多个"➤"视图"➤"选择框"，即可生成局部轴测视图并跳转到该视图，再结合视图右上方的"View Cube"（图 5.8-3 右上）选择角度即可。

此外，选中剖面框（图 5.8-3 中）之后，对应六个面中间都会出现双向三角，鼠标左键拖动双向三角可以改变剖面框的范围大小。同时，其中一个顶角也会出现旋转符号，通

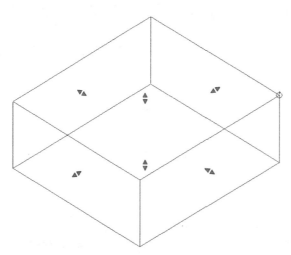

图 5.8-3　剖面框（中）及"View Cube"（右上）

过点击鼠标左键拖动可以实现剖面框的旋转。

2. 色彩设置，黑白灰度

三维视图的表达应清晰，色彩以黑、白、灰为主色调，满足工程技术图纸的表达习惯。

打开三维视图，点击菜单"视图"➤"图形"➤"可见性/图形"，打开【三维视图：可见性/图形替换】对话框（图 5.8-4）。

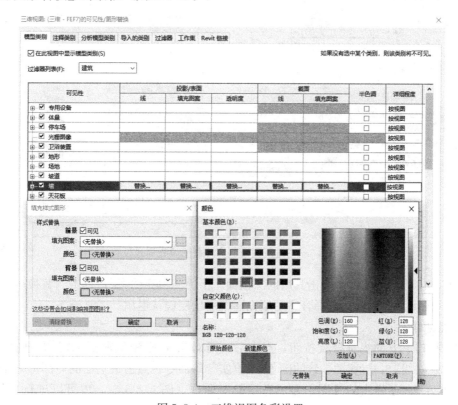

图 5.8-4　三维视图色彩设置

找到其中的某个构件，点击其后的"投影/表面"下的"填充图案"，点击"替换…"，打开【填充样式图形】对话框。

点击"前景"下面"颜色"后面的"＜无替换＞"，弹出【颜色】对话框，对其颜色进行调整。

3. 截面填充样式设置

三维视图中剖面框剖切到模型中结构构件时，需要设置构件的截面填充样式，更直观清晰地表达设计意图。

打开三维视图，点击菜单"视图" ➤ "图形" ➤ "可见性/图形"，打开【三维视图：可见性/图形替换】对话框（图 5.8-5）。

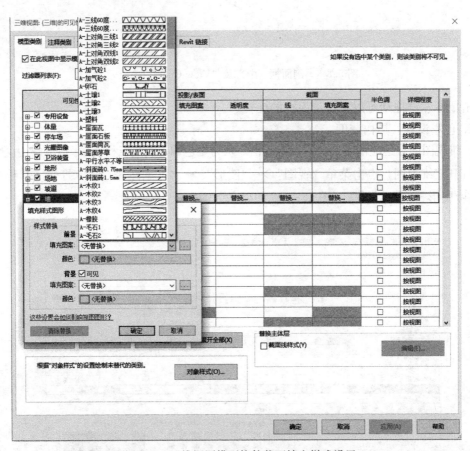

图 5.8-5　三维视图模型构件截面填充样式设置

找到其中的某个构件，点击其后的"截面"下的"填充图案"，点击"替换…"，打开【填充样式图形】对话框。选择合适的填充图案后层层确认退出。

4. 视觉样式

位于视口下方的视觉样式按钮，点击后，可对当前视图的视觉样式进行选择，包括"线框""隐藏线""着色""一致的颜色""真实"等命令。点击最上面的"图形显示选项"（图 5.8-6 左），在弹出的【图形显示选项】对话框（图 5.8-6 右）中可以进行更细致的调整。

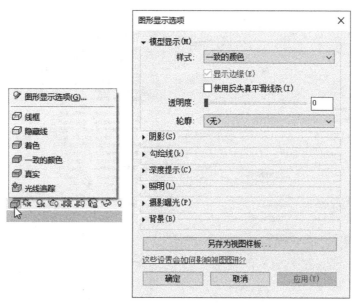

图 5.8-6　视觉样式按钮（左）及图形显示选项（右）

5.9　图纸电子输出

除直接打印纸质图纸以外，Revit 正向设计多以电子文件形式输出图纸成果，最常见的是 .dwg 和 .pdf 两种格式。无论输出哪种格式，建立"图纸集"可以一次性完成对全项目（多张）图纸的电子文件输出，避免逐张图纸设置输出的麻烦。

点击 Revit 菜单中的"文件"➤"打印"。在弹出的【打印】对话框左下方"打印范围"部分选择"所选视图/图纸"选项，并点击"选择"按钮。在弹出的【视图/图纸集】对话框中选择需要的图纸，点击"另存为"为图纸集命名，输入需要的名称后点击"确定"，再次点击"确定"，在【打印】对话框中点击"关闭"。此时图纸集创建完毕备用（图 5.9-1）。

5.9.1　导出 DWG、DWF 文件

1. 导出 DWG 文件

点击 Revit 菜单中的"文件"➤"导出"➤"CAD 格式"➤"DWG"，在弹出的【DWG 导出】窗口上方，在"选择导出设置"下拉菜单中选择所需 DWG 导出设置（参见 2.1.6 节），在右侧"导出"下拉菜单中选择所需图纸集，点击"下一步"，在弹出的【导出 CAD 格式】窗口选择保存目标文件夹并输入名字后点击"确定"，即可逐张导出与图纸对应的 DWG 文件（图 5.9-2）。

当然，DWG 导出也支持导出 Revit 内的视图，其方式与导出图纸类似，不同的是选择视图而非图纸。

2. 导出 DWF 文件

与导出 DWG 方法类似，点击 Revit 菜单中的"文件"➤"导出"➤"DWF/DWFx"，可将选择的相应的图纸集导出 .dwf 格式图纸文件。DWF 是与 PDF 文件相似

图 5.9-1　创建图纸集

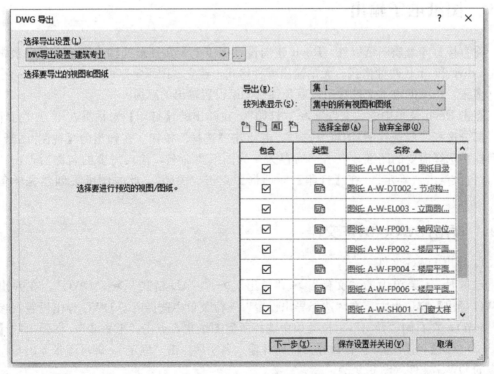

图 5.9-2　导出 DWG

的图纸成果，可使用 Autodesk Design Review（免费软件）打开，除进行查看、测量、批注等操作以外，还可以将批注意见存储后反向链接到 Revit 文件中，此流程会自动将批注内容对应到 Revit 中相应的图纸页面，从而方便进行批注问题的修改、反馈以及问题闭环。

5.9.2　打印 PDF 文件

为审查图纸成果，保证设计和图面质量，常将设计图纸打印成各种格式的电子文件进行查看，其中 .pdf 格式最为常用。输出 .pdf 格式文件的计算机需安装 PDF 打印机，Adobe PDF 是最常用的 PDF 打印机。实践中还发现，欧特克所推荐的 CutePDF Writer 打印机（可搜索免费安装）非常实用。

由于 Revit 无法像 AutoCAD 布局那样分别预设每一张图纸对应尺寸的图幅，我们需要使用一个超大图幅保证所有的图纸均可以被"装入其中"，后期再将图纸裁剪至需要的尺寸。如图 5.9-3 所示，预设 PDF 打印机超大图幅可在 Windows 的控制面板打印机设置中进行，不同版本 Windows 和不同打印机设置方式不同，此处不做详述。实践中考虑到图纸有横竖两个方向，比较常用的超大图幅尺寸是 2.5m×2.5m 或 3m×3m。

图 5.9-3　打印机超大图幅设置

点击 Revit 菜单中的"文件"➤"打印"，在弹出的【打印】窗口：在"打印机"区下拉菜单中选择所需 PDF 打印机；在"文件"区可以选择将多个视图/图纸合并打印成一个文件；在"打印范围"区选择提前设置好的图纸集。继续点击右下角"设置"按钮，在弹出的【打印设置】中选择预设好的 PDF 超大图幅，并存储此设置为新名字（图 5.9-4）。

点击上述对话框的"确定"按钮，直至 Revit 开始后台打印。依据图纸集中图纸数量，打印过程需要长短不等的时间。打印完毕后，将弹出 PDF 的存储对话框，选择保存目标文件夹并输入名字后，点击"保存"即可。

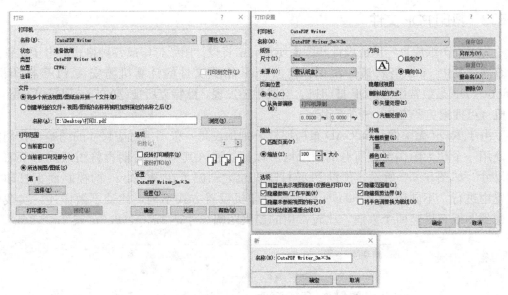

图 5.9-4　打印 PDF 设置

由于采用了统一超大图幅打印所有图纸，各图纸留下等的"白边"，可使用 Adobe Acrobat 或者福昕 PDF 等 PDF 编辑软件对 PDF 电子图纸进行"裁剪白边"操作（图 5.9-5）。

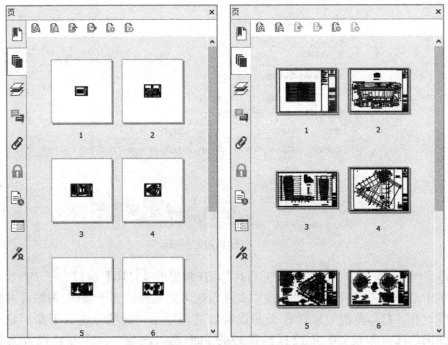

图 5.9-5　裁剪白边前后的 PDF 页面缩略图

依据需要，PDF 编辑软件还可以对图纸文件进行页面旋转、拆分文件等操作，此处不做赘述。

正向设计成果的丰富性和强大的数据承载能力，使校审方式更具有多样性。三维校审方式在很大程度上取决于三维校审软件的可视化和模型处理能力。丰富的模型轻量化软件和可视化展示软件，使正向设计的校审方式更为多样。

对比传统二维校审，BIM 正向设计的三维校审具有电子化、三维化、轻量化等特点。

6.1　二维图纸校审

采用正向设计仍然可以打印纸质图纸，供校审人员进行批注（图 6.1-1）。

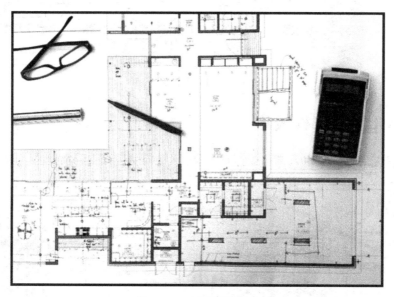

图 6.1-1　纸质图纸校审

校审人员无需具备 BIM 技能，但却无法便捷地了解设计全貌和进行多专业设计成果的核对。同时，校审意见纸质存档占用空间，意见电子化存档需要经过二次处理（誊抄或照相扫描等）。

6.2　电子图纸校审

设计校审时，设计人员输出电子二维图纸文件（. pdf、. dwf、. dwg 等格式文件），校审人员通过电脑、平板、电子大屏等终端设备，借助 Adobe Acrobat、Autodesk Design Review 等软件进行电子化批注。

此方式为实体图纸校审方式的电子化，校审人员无需具备 BIM 技能；减少打印图纸，更加环保；校审意见存档留痕较为方便（图 6.2-1），且可在 Revit 中链接批注后的 DWF 文件，更加直观地进行校审问题的对位修改，但还是无法便捷地了解设计全貌和进行多专业设计成果的核对。本质上仍然是二维校审方式。

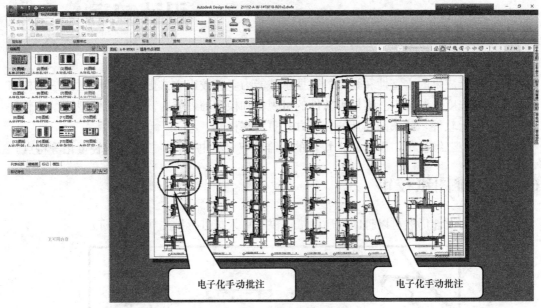

图 6.2-1　DWF 图纸校审

6.3　Revit 模型文件校审

设计成果校审时，校审人员直接打开 Revit 设计模型进行查看及批注（图 6.3-1）。

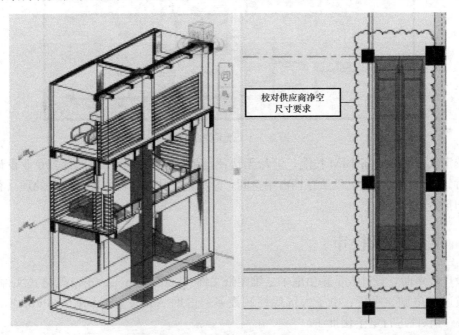

图 6.3-1　Revit 设计文件校审

此方式的优点是校审人员可以在二三维视图的同时进行对照，全面查看全专业的模型构件和空间定位关系，以及 BIM 设计中的细节；校审意见可以直接存储到设计文件中（如使用 Revit 云线批注），便于设计人员及时响应；但是这种方式要求校审人员具备较强的软件操作能力，电脑硬件配置较高；由于校审是在模型文件中直接批注的，校审内容存档时需同时存储整套模型，占用硬盘空间较大。

6.4　轻量化平台校审

设计人员将 Revit 设计成果（二维图纸、三维模型）导入轻量化平台＜如瑞斯图（Revizto）云协同建造平台、企业定制 BIM 平台等＞，校审人员借助轻量化平台进行校审（图 6.4-1）。

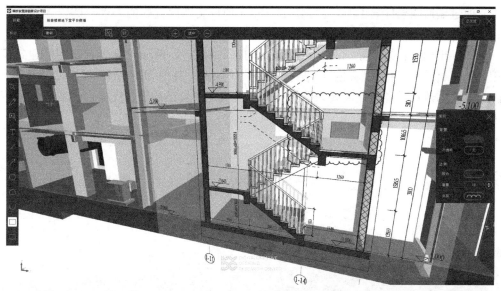

图 6.4-1　瑞斯图轻量化平台校审

此方式的优点是经过轻量化处理的三维模型对电脑硬件需求校低，对校审人员 BIM 软件操作技能亦要求不高，能兼顾二三维成果查看功能，某些平台甚至提供二三维成果对位联动查看、校审意见交流闭环等功能。

例如，瑞斯图（Revizto）适用于设计、施工全过程的 BIM 应用与管理，可实现 BIM 模型轻量化，降低 BIM 使用门槛，促进 BIM 应用落地，让项目参与各方同时接入统一的可视化 BIM 云平台进行协作，提前发现图纸和工程问题，并及时追踪整改，以降低工程成本与风险。

从 Revit 导入图纸与模型至瑞斯图，需要提前进行必要的瑞斯图导出插件设置：

（1）定位关系：应提前规划并设置好各专业模型对位坐标，瑞斯图插件导出同样支持 Revit 软件的三种对位模式。

（2）导出图纸：应在 Revit 中设置 DWF/DWFX 打印机，如图纸大小、打印颜色与精度等，通过瑞斯图插件导出时，会调用此 Revit 项目文件设置好的 DWF/DWFX 打印机样式；高版本 Revit 建议在插件中直接选择导出图纸为 PDF。

（3）导出模型：模型导出时应选择是否勾选"材质"，例如，导出有贴图的建筑模型可用勾选"材质"，导出仅着色机电管网模型应不勾选；其他 3D 导出选项按需设置。

此方式的缺点是，企业需要采购第三方平台或定制自己的轻量化平台，有一定的资金投入需求。

第7章

基于正向设计模型的数字化应用

正向设计的精细化成果包含大量的信息和数据，只有对模型信息和数据进行有效传递、精准识别、价值挖掘，实现"一模多用"，才能发挥出数字化的效能，从而促进设计、生产、施工的全面协同，提升建筑品质。数字化应用的核心是充分发挥设计数据的源头价值，对多源异构的数模交互积极探索，适应并赋能智能建造。

7.1 数字化应用概述

针对设计项目过程管理与协同的特点，结合协同平台的搭建，实现从设计到施工再到竣工交付的 BIM 数据传递，并实现不同场景的数字化应用，管理系统界面示意见图 7.1-1。

图 7.1-1 项目过程管理系统

数字化应用场景丰富多样，诸如通过性能化分析和模拟进行设计优选；参数化、可视化多维度辅助，提高设计过程的合理性、科学性；以空间协同设计和空间优化为导向的管线综合应用，建立空间控制工作流程；通过设计模型构件与造价软件之间的协作进行工程量实时统计，有效控制项目造价。

7.2 性能化分析与应用

7.2.1 照明分析

基于建筑模型的房间，内置灯具光源参数（如光通量、功率）生成空间信息，利用系数法照度计算，并进行照明功率密度值（LPD）复核。

如图 7.2-1 所示，若布置的灯具超过设计需求，对应的照度值和照明功率密度值（LPD）就会联动计算，超出规范限定值，分析表自动着色提示。

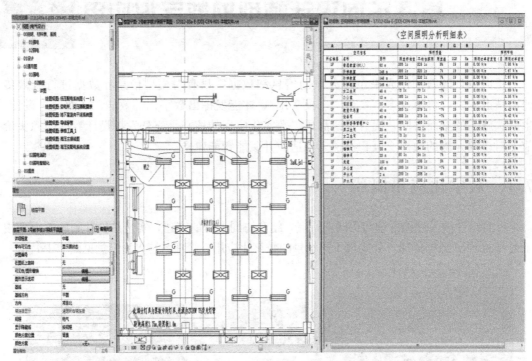

图 7.2-1　空间照明分析明细表

7.2.2　风环境分析

结合图 7.2-2 和图 7.2-3，模型优化建筑布局更有利于通风，其周围气流速度分布均匀，流线平缓，回流区较少，适于机场的自然通风及排风。由压力分布可知，整体压力分布均匀，有利于自然通风口的布置。

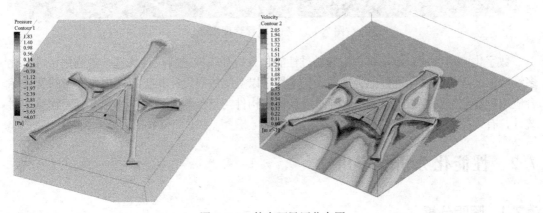

图 7.2-2　外表面风压分布图

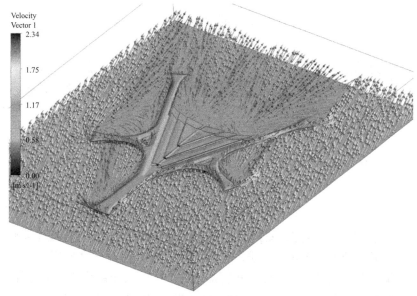

图 7.2-3　水平速度矢量图

7.2.3　自然采光分析

通过以上统计结果（图 7.2-4～图 7.2-6）可以看出：

图 7.2-4　室内采光计算模型线框图

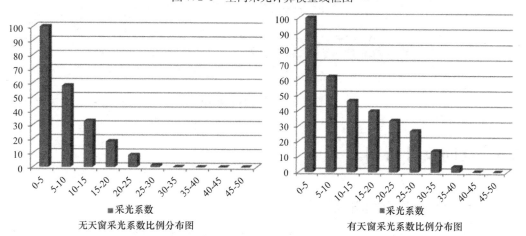

无天窗采光系数比例分布图　　　　有天窗采光系数比例分布图

图 7.2-5　有无天窗采光系数比例分布图

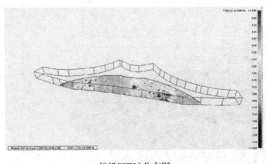
候机区T30分布图

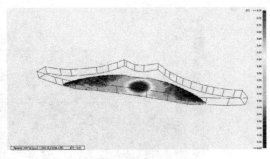
候机区STI分布图

图 7.2-6　有、无（右）天窗采光系数比例分布图

（1）无采光天窗的方案采光系数能够满足现行国家标准《建筑采光设计标准》GB/T 50033—2013 的比例较小，且建筑室内照度分布不均匀，沿进深方向照度下降快。

（2）有采光天窗的方案满足现行国家标准《建筑采光设计标准》GB/T 50033 中要求的比例明显增加，并且建筑室内照度分布更加均匀，自然采光系数有明显提高。

冬季渗风模拟基于 BIM 模型数据对项目风、光、电进行模拟，如图 7.2-7 所示，不断优化设计，为业主打造优化绿色节能的项目。如通过模拟不同的送风温度，使冬季渗透风量的能量损失减少 85％，每日可减少用气上千立方米。

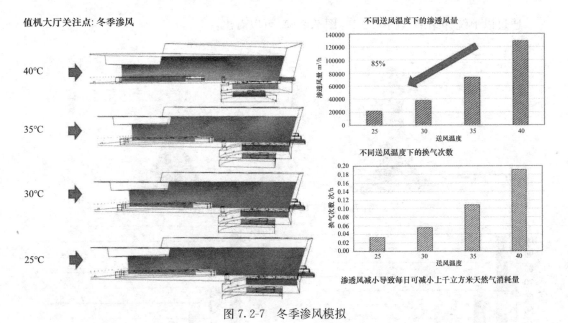

图 7.2-7　冬季渗风模拟

7.3　空间设计协同

7.3.1　建筑与结构空间研究

大型项目空间关系复杂，二维表达方式不利于直观地推敲空间关系。在方案阶段，基于

搭建的三维 BIM 模型，结合 Enscape、Fuzor 等渲染软件，直观、清晰地进行空间推敲，辅助设计方、建设单位及相关部门快速选择更理想的设计方案（图 7.3-1、图 7.3-2）。

图 7.3-1　方案修改前

图 7.3-2　方案修改后

7.3.2　结构形式优化

机场航站楼类项目，部分区域采用无吊顶形式，对结构装饰一体化有较高的要求，结构设计在满足安全、稳固的基础上，需结合空间形式进行优化。结构专业应根据建筑空间走向，保留环形主梁，取消环形次梁，同时通过 Dynamo 开发数字化插件，完善如主次梁搭接、梁与柱搭接的结构构件关系和美观处理，建筑、结构、装饰协调统一（图 7.3-3、图 7.3-4）。

7.3.3　辅助幕墙设计优化

在深化设计阶段，从幕墙分隔、吊顶形式及百叶形式等多个方面优化立面设计效果，

图 7.3-3　结构梁布置优化前

图 7.3-4　结构梁布置优化后

并将需求和成果反馈提资至装饰及幕墙（图 7.3-5），基于 BIM 三维模型进行多专业协同，设计人员更加精确地控制立面效果，对项目品质提升提供了极大的帮助。

图 7.3-5　幕墙立面效果优化

7.3.4　设备机房空间优化

基于 BIM 模型的三维可视化优势将机房中的设备和管道详细展示，以精确的方式表达设备的定位和布置（图 7.3-6、图 7.3-7）。在施工图设计阶段提前解决空间配合问题，避免在施工过程中出现变更和返工，有助于节约施工成本，提高施工质量，并为后期机房的数字化运维奠定基础。

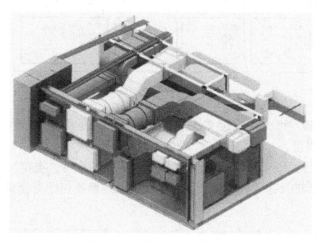

图 7.3-6　暖通机房三维视图

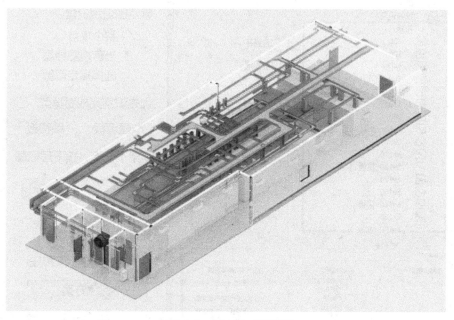

图 7.3-7　配电房三维视图

7.3.5　基于模型数据的空间净高动态控制

结合实际应用需求，通过二次开发实现建筑设计净高分析的功能，技术路径如图 7.3-8

所示，为设计师提供自定义对象进行净高分析，对所选空间进行净高标注和着色区分，隔离显示最低点构件等交互选项并生成分析成果。

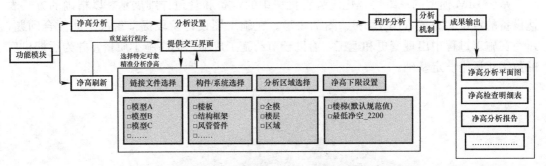

图 7.3-8　净高分析技术流程图

1. 模型链接选择：可支持链接文件作为净空分析的要素，并提供交互界面，自由选择参与净高分析的模型。

2. 构件类别选择：Revit 软件将工程对象分为不同的构件、类型，应能支持所有的构件类别作为净高分析的要素，并提供交互界面，自由选择参与净高分析的类别，程序对话框如图 7.3-9 所示。

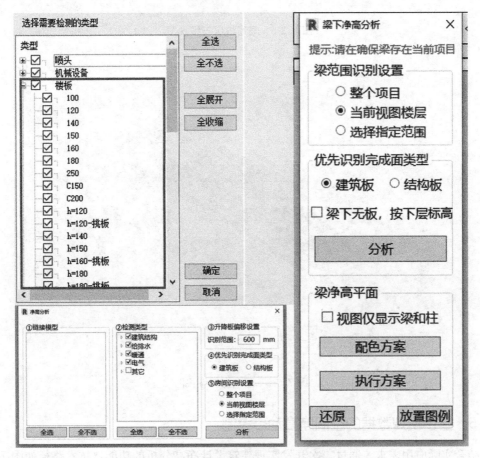

图 7.3-9　构件单元筛选一、二层级

3. 分析区域选择：应能支持全模检查、分楼层检查、分区域检查。

经过产品的项目实测与迭代，确定了关键功能的封装应用：

1. 净高分析功能优化提升

分析得出空间的垂直最近距离作为该空间单元的净高值，如图 7.3-10 所示；并解决市面同类软件该功能的常见问题：无法对降板的空间进行准确净高分析。

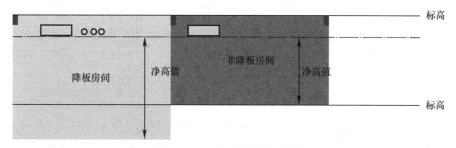

图 7.3-10　净高分析剖面示意

2. 成果输出

（1）净高分析平面图：可对选择的区域进行分析，并生成净高分析平面图，应用特定视图样板；以房间为单元进行填色，并标注净高值；图例可表达净高值区间对应配色表，预设标准配色样式，区间精度可设置。净高分析平面图实例如图 7.3-11 所示。

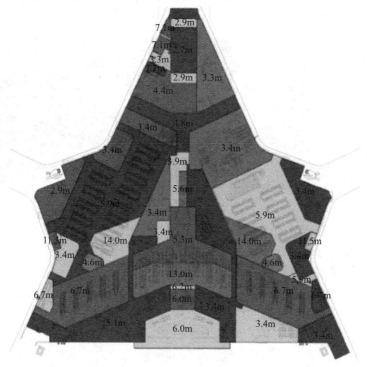

图 7.3-11　净高分析平面图

（2）净高检查明细表：对选择的区域进行分析，并生成净高检查明细表，如图 7.3-12 所示。

图 7.3-12　净高检查明细表

（3）三维空间定位：对净高不满足预设值的区域，可支持局部三维精准空间定位，如图 7.3-13 所示。

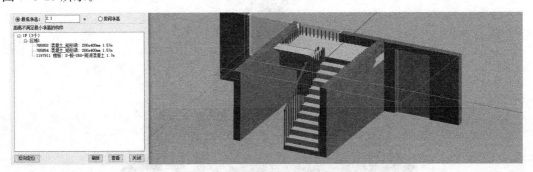

图 7.3-13　净高检查构件定位

（4）净高分析报告：对选择的区域进行分析，并生成净高分析报告；报告格式可预设一种格式，对项目进行净高分析后，自动生成报告，支持发布 doc 格式、pdf 格式、bcf 格式，可与轻量化协同平台进行数据传递，如图 7.3-14 所示。

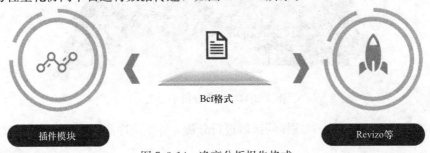

图 7.3-14　净高分析报告格式

项目应用成果如图 7.3-15 和图 7.3-16 所示。

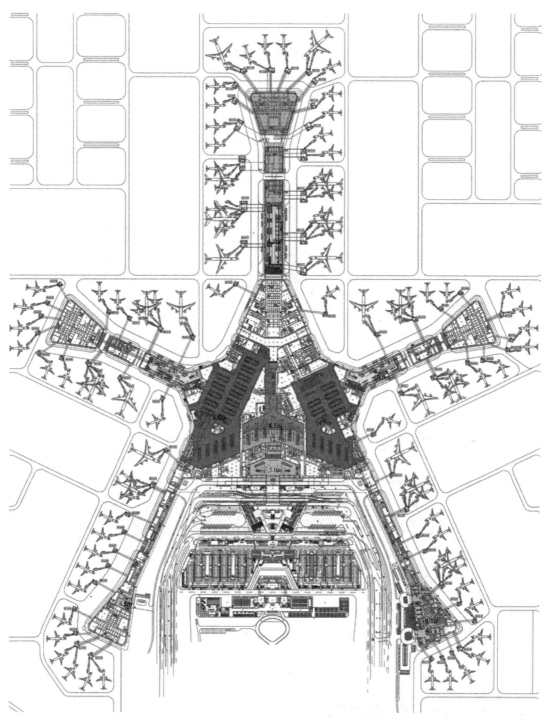

图 7.3-15　净高控制分析示意图 1

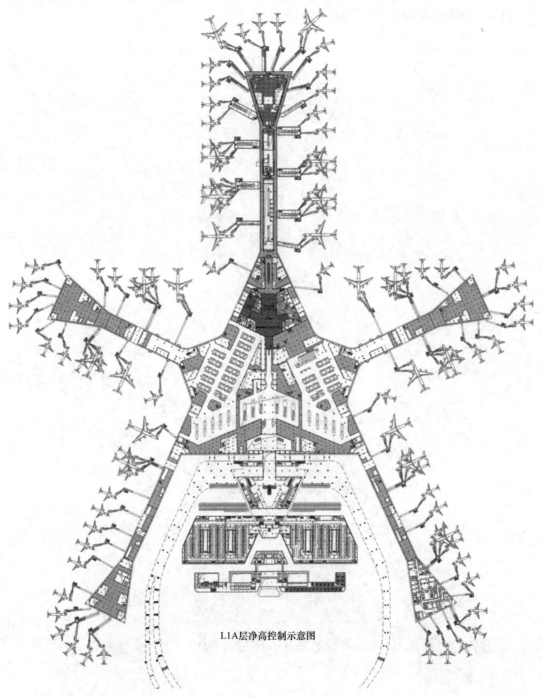

L1A层净高控制示意图

图 7.3-16 净高控制分析示意图 2

7.3.6 设计阶段的管线协同设计

建筑设计项目中，高质量的管线协同配合设计被视为建筑空间功能合理、空间尺度舒适和设施设备良好运营的重要保证。在我院某大型机场航站楼的正向设计项目中（图 7.3-17、图 7.3-18），为实现这一目标，采取了以下措施：

图 7.3-17　管综重点区域断面——扶梯步道下部空间

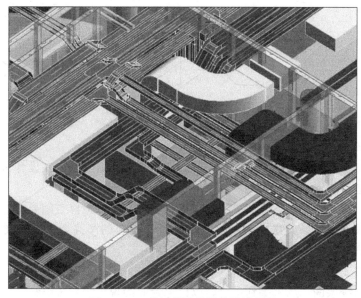

图 7.3-18　航站楼管线综合设计局部

（1）设计负责人牵头：通常为建筑专业设计总负责人，制定管线综合协同的配合方式，定案节点，管综原则；负责整个项目的管线协调和决策，确保各专业之间的协同合作。

（2）机电主体专业共用中心模型：采用共用的中心模型，各机电专业在同一个模型中设计和协调，有助于减少信息传递和沟通的错误，提高协作效率。

（3）管线综合配合节点和进度计划：根据项目的进度计划，制定管线综合配合的节点，并确定将全专业的管综协调时间和工作模式。

（4）实时管线综合分析、定案和现场调整：通过实时管线综合分析，及时确定最佳设计方案，并进行定案。同时，对于现场出现的管线问题，实时调整和解决，确保设计与施工的一致性和顺利进行。

这些措施有助于促进各专业之间的协同配合，确保管线设计的高质量和一致性。

本节将对各专业在设计过程中，基于空间的构件和管线综合协调的相关重点进行简述。

1. 管线协同设计流程

合理布置各专业管线，最大限度地提高建筑空间使用率，减少由于管线冲突造成的施工变更。主要流程如图 7.3-19 所示：

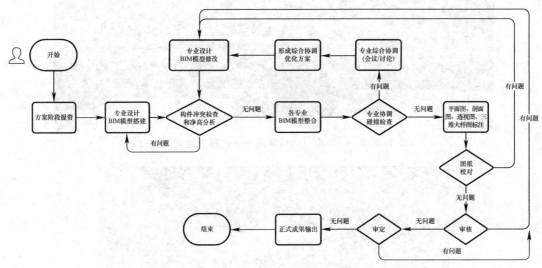

图 7.3-19　管线协同设计流程图

2. 管线排布要素

结合项目特点、设计与施工关注点，根据常规项目实施经验，在设计策划阶段对项目管线协同标准进行前置。

管线协同关键要素：规范要求、净高需求、安装要求、检修空间要求等。首先，必须是符合规范的设计图纸；其次，要满足业主或设计单位的净高要求，且便于施工单位安装；最后，能合理检修，关键要素缺一不可。

3. 管线排布总体原则

（1）机电系统层面：从末端到系统，以机电专业的视角统筹考虑管线的布置。

（2）设计协调层面：从局部到整体，以空间为对象整体考虑管线的走向。

（3）项目实施层面：从设计到建造，以施工组织合理性为原则考虑管线的可建性。

（4）满足运营层面：从设计到使用，以建筑运营实际需求为指导考虑管线的合理性。

4. 管线排布策略

各种管线在同一处布置时，还要考虑预留出施工安装、维修更换的操作距离，设置支吊架的空间等。

（1）水平排布方式

管线相互平行，不交错，尽量平面错开，减少立体翻弯；管道横平竖直；水平排布按专业区分，保证各专业的合理施工空间；专业间管线尽量保证同专业有序集中布置；管线平面定位要考虑管线外形尺寸、保温厚度、支架尺寸、避让、规范要求间距、施工操作空间、预留管线位置、检修通道等诸多因素。

有保温要求的管道通常考虑 30～40mm 保温厚度。室内明敷给水管道与墙、梁、柱的间距应满足施工、检修的要求。除注明外，可参照下列规定：

横干管：与墙、地沟壁的净距大于 100mm；与梁、柱的净距大于 50mm（在无接头处）

立管管道外壁距柱表面大于 50mm；与墙面的净距参照表 7.3-1。

不同管径的立管与墙面的净距要求　　　　　　　　　　　　　表 7.3-1

管径范围	与墙面的净距（mm）
D≤DN32	≥25
DN32≤D≤DN50	≥35
DN75≤D≤DN100	≥50
DN125≤D≤DN150	≥60

考虑共用支架敷设时，管外壁距墙面不宜小于 100mm，距梁柱不宜小于 50mm。

管道外壁之间的最小距离不宜小于 100mm，管道上阀门不宜并列安装，应尽量错开位置。若必须并列安装时，阀门外壁最小净距不宜小于 200mm。

电线管与其他管道的平行净距不应小于 100mm。

一般情况下检修预留空间应大于等于 300mm，施工操作空间可和检修空间一起考虑。无吊顶位置需要预留检修空间（表 7.3-2）。

管道间距要求（单位 mm）　　　　　　　　　　　　　　　　表 7.3-2

管线	管外边距墙柱		并排管道间距				桥架距管道、喷头水平间距
	无管上翻	有管上翻	≥DN200	DN150	DN100	≤DN80	
间距	100	400	400	300	250	200	300
备注			非保温管间距小于				桥架在下时

（2）垂直排布方式

方式一（图 7.3-20）：

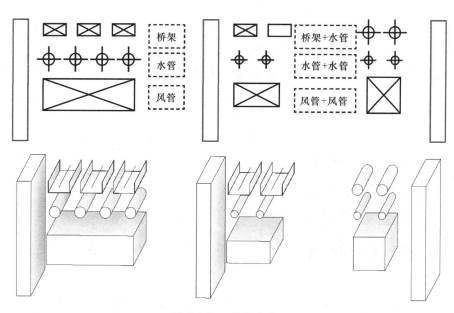

图 7.3-20　排布方式一

上层：自喷管道、强弱电桥架；

中层：给水排水管道；

底层：主风管、暖通供回水、冷凝水等；

同专业管道尽量排布一起；部分区域风管可调整至中层及上层；管线综合排布需考虑一定的检修安装空间。

适用情况：狭窄过道，管线密集，多层排布。

优势：排布美观整洁，支吊架受力合理，通常水管与桥架较重，且节约支吊架成本（槽钢较短）；保证足够的检修空间。

案例 1：如图 7.3-21 所示，2.2m 宽过道，其中专业管线包括风管、桥架、暖通水管、给水排水管。

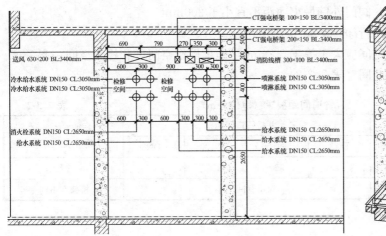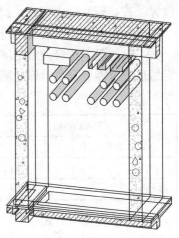

图 7.3-21　案例 1：管综成果示意图

难点：净高要求 2500mm 以上，业主要求搭建综合支架，并保证合理检修空间

排布方案：分专业排布，便于后期机电安装：第一层为电缆桥架及风管，第二层为暖通水管（预留合理保温空间、木托间距），第三层为给水排水管，保证管线的横平竖直整洁美观。

方式二（图 7.3-22）：

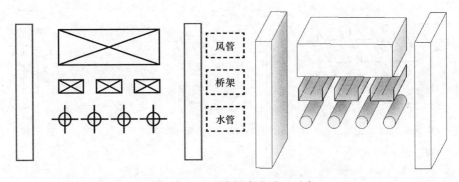

图 7.3-22　垂直排布方式二示意

上层：风管；

中层：桥架、给水排水管道；

底层：自喷、冷凝水等；

适用情况：过道较窄，风管可能堵塞检修空间，且风管无下风口。

案例2：如图7.3-23所示，某1.6m宽过道、1.25m宽风管及一组桥架、一组给水排水管。

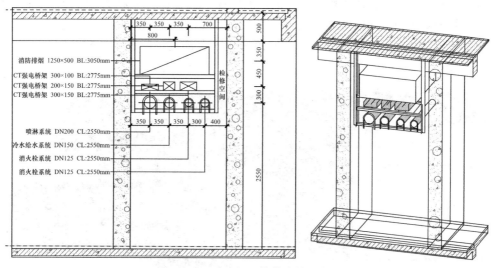

图7.3-23　案例2：管综成果示意图

难点：传统做法由上至下是桥架、水管、风管的层次，但在此处，由于风管过大，若风管排至最下层，导致桥架和水管无检修空间，最终选择由上往下为风管、桥架、水管。

排布方案：保证后期检修空间。

方式三（图7.3-24）：

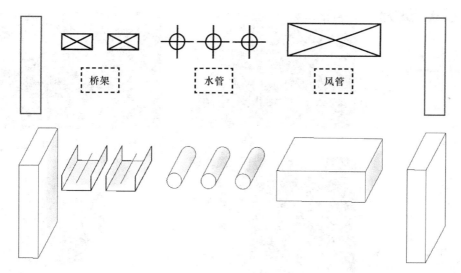

图7.3-24　垂直排布方式三示例

管线较为稀疏，建议一层排布，提升净高，如地下室车库车道等区域。

适用情况：地下室等区域，净高紧张，且管线能满足一层排布，尽量依据平面布置原则将其布好，无法避免的碰撞在梁空用翻弯解决，翻弯按管线避让原则进行。

7.4 基于 BIM 的全域数字化管控

以长沙黄花机场改扩建工程项目为例，阐述基于 BIM 的全域数字化管控的实施流程。

项目管理团队为长沙机场改扩建工程提供 BIM 应用整体策划与实施管控，包括飞行区、航站区、货运区、生活区等机场红线范围内的全部建设内容，如图 7.4-1～图 7.4-3 所示。

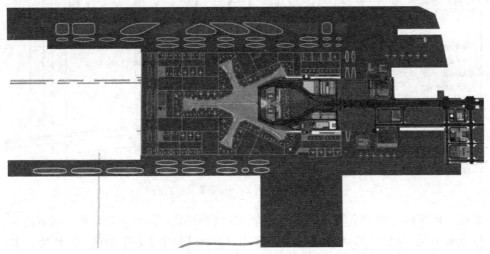

图 7.4-1　航站区全要素整合

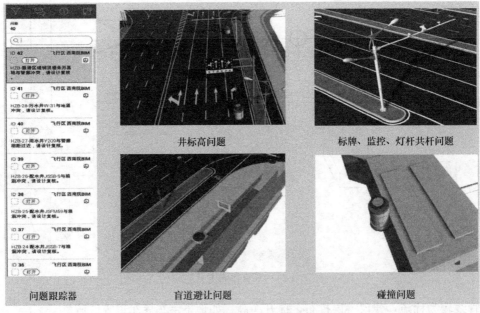

图 7.4-2　航站区过程控制记录

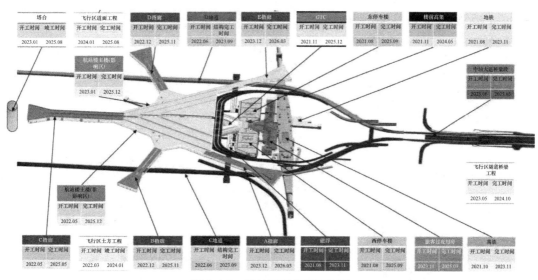

图 7.4-3　航站区工作界面协调

7.4.1　综合交通接驳设计管控

　　利用 BIM 综合管理平台，综合轨道交通体系（图 7.4-4），满足城际、市域、场内快速换乘、便捷畅达的轨道接驳需求，对航站区各设计单位设计界面划分、空间关系梳理、技术配合流程等方面统筹协调（图 7.4-5、图 7.4-6），提前发现并解决设计问题，在极大程度上提高了配合效率，实现了精细化设计。

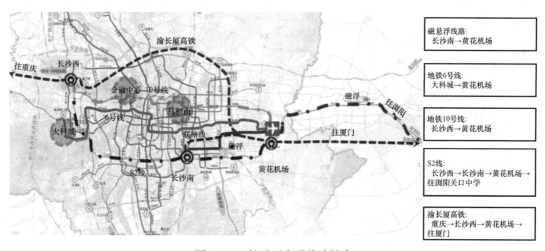

图 7.4-4　航站区交通线路综合

7.4.2　塔台通视设计管控

　　通过对空管塔台的通视分析模拟，如图 7.4-7 所示，辅助塔台设计方案的优选。基于 BIM 设计模型，模拟塔台可视面，通过大厅及指廊屋面的脊线优化，实现塔台视线无遮挡。

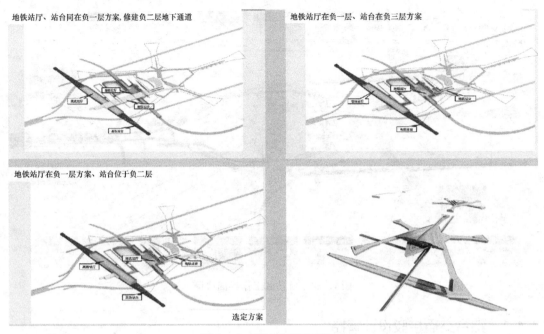

图 7.4-5　综合交通接驳比选

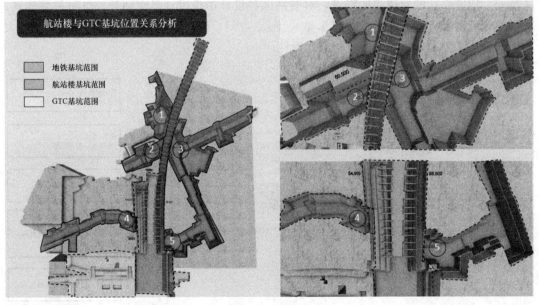

图 7.4-6　标段协同

7.4.3　航站区新发展理念

　　通过三维模拟，直观展示航站楼和交通枢纽空间，辅助进行设计优化迭代，打造互联互通、无缝换乘、舒适便捷、智慧高效的现代化立体综合交通枢纽，实现机场设计的创新、协调、绿色、开放、共享的新发展理念，如图 7.4-8 所示。BIM 技术已成为实现四型机场设计的必要手段。

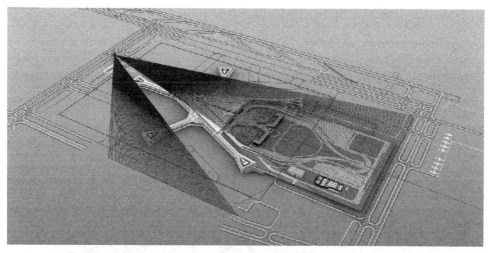

图 7.4-7　塔台通视分析

图 7.4-8　新发展理念下的航站区设计

7.5　多样化成果展示

良好的视觉效果有利于形成更真实的视觉反馈，将正向设计的模型上传到模型轻量化平台，或采用三维实时渲染软件，在设计过程中模拟和预演空间尺度、色彩、材质、细节以及光环境的变化；对设计成果进行最终效果展示，指导后续施工中的材料选择、细节和效果控制。

为便于工程建设环节各团队的信息协作和交流，减少交付文件大小、服务器端的存储压力，对模型进行轻量化处理，更加便于使用，如图 7.5-1 所示。

7.5.1　基于 BIM＋VR 可视化展示

多维度的建筑时间、空间场景体验是 BIM＋VR 在新设计模式下的显著优势，如

图 7.5-1　航站楼及 GTC 轻量化模型展示

图 7.5-2 所示，能使业主的决策更为直观，并提供更为丰富的空间体验。协同设计中采用可视化交互，通过鸟瞰模式、人视模式、飞行模式等进行自由漫游和多维体验。漫游过程中对设计有问题的地方标注并记录，通过发现问题—问题传递到设计—协同解决问题—问题发现者结束问题而形成闭环。在 VR 技术的支持下，降低了发现、解决问题的技术门槛，空间效果的还原度大幅提高。

图 7.5-2　VR 漫游展示画面

7.5.2　Revit 内置渲染器

1. 本地渲染器

Revit 本地渲染器 Mentalray 是基于 CPU 渲染的引擎，图像细腻，且不用导出模型，操作方便。Revit 还支持云渲染以加速计算。在常规需求下，内部渲染引擎已经可以提供较为方便的解决方案。

表 7.5-1 列出了一些常见的渲染器及基本特征。

一些常见渲染器及其基本特征　　　　　　　　　　　　　表 7.5-1

名称	交互方式	类型
Revit 内置渲染器	实时交互	CPU 渲染（Mentalray 内核）
Enscape	实时交互	GPU 渲染（自有内核）
Twinmotion	半实时交互（模型导出）	GPU 渲染（UE 内核）
D5 Render	半实时交互（模型导出）	GPU 渲染（UE 内核）

注：Revit 内置渲染器的实时交互需要在"三维视图"中将"视觉样式"改为"光线追踪"，直接调用内置渲染器处于非实时交互状态。半实时交互指的是需要人工进行模型输出同步，视角可以即时同步。

以上渲染器可利用 Revit 自带的材质系统、灯光系统（通过族建立）、配景植物（通过族建立）。此外，在 BIM 建模时期，需对模型各材质外观进行调整，并有对应的材质信息。

Revit 常用渲染器可以分为 CPU 类渲染器和 GPU（显卡）类渲染器。GPU 渲染速度更快，也更适合单机渲染使用。CPU 类渲染器在 Revit 平台主要指自建的 Mentalray 渲染器（图 7.5-3），单机渲染速度较慢，但由于没有文件格式的转换，在某些简单场合下也推荐使用。

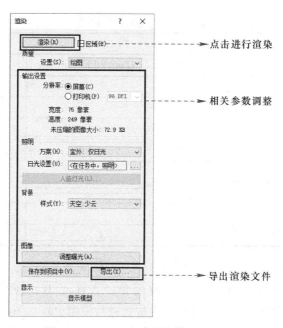

图 7.5-3　Revit 内建渲染器 Mentalray

2. 云渲染器

Revit 提供云渲染的服务，可以实现本地渲染器的功能以及渲染 360 全景图（图 7.5-4）。此种方式对于大型模型的渲染速度较快，但需要注意的是，模型上传需要一定的时间。此外，由于服务器在国外，上传速度会受到一定的影响。

图 7.5-4　Revit 云端渲染的 360°全景图片

7.5.3　第三方渲染器

第三方渲染器的素材资源更加丰富，但是由于牵涉到文件格式的转换，因此需要对渲染内容进行合理规划，减少转换的时间，降低转换失败的概率。

常见第三方渲染器及特性如表 7.5-2 所示。

常见第三方渲染器及特性　　　　　　　　　　表 7.5-2

名称	Enscape	Twinmotion	D5 Render
实时同步	√	√（Datasmith 插件）	√（D5 插件）
视角同步	√	×	√（不支持轴测同步）
灯光同步	×	×	√
导出支持	×	√（Datasmith 插件）	√（D5 插件）
适合大模型	×	√（分块导出）	√（分块导出）
植物库	√	√	√
配景库	√	√	√
白模渲染	√	×	√
动画视频	√	√	√

1. 实时同步功能

Enscape 渲染器的实时连接启动比较简单，直接点击相应插件的启动按钮即可（图 7.5-5），D5 需要单独利用"同步模型"按钮进行模型更新（图 7.5-6）。

Twinmotion 的实现要相对复杂些，需要先打开 Twinmotion 软件，选择"导入"➤

图 7.5-5　Enscape 启动实时连接

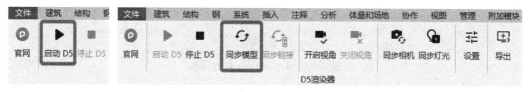

图 7.5-6　D5 Render 启动实时连接

"直链"➤ "直链设置源：Revit"➤ "导入"。然后通过 Revit 中 Datasmith 插件的同步按钮进行实时连接（图 7.5-7）。

图 7.5-7　Twinmotion 启动实时连接

　　需要注意的是，第三方渲染软件是使用当前三维视图中模型，所以需要在 Revit 中的视图【可见性/图形替换】中对当前视图中不需要的内容进行隐藏，以提高软件运行效率。

　　2. 视角同步功能

　　Enscape 视角同步功能相对简单，直接点击相应插件上的相关按钮即可（图 7.5-8 上）。此外，Enscape 还提供可选 Revit 项目中已经创建的视图作为同步的视图功能。

　　注意只有 Enscape 支持轴测图的同步，在 D5 中 Revit 需要切换到"相机"视图，才能进行视角的同步（图 7.5-8 下）。创建"相机"视图的方式为单击菜单栏"视图"➤ "创建"➤ "三维视图"➤ "相机"，然后在平面视图中放置相机即可。

图 7.5-8　Enscape（上）、D5 Render（下）视角同步

3. 灯光同步功能

灯光同步是 D5 Render 特有的功能（图 7.5-9），通过在 Revit 模型中建立的灯光族实例，点击"同步灯光"到 D5 渲染器中，进行灯光的渲染。

图 7.5-9 D5 Render 灯光同步

4. 模型导出

对于比较大的项目，如果直接同步渲染存在困难，则可以通过导出的方式进行第三方渲染器的渲染。

Twinmotion 使用 Datasmith 插件进行文件的导出（图 7.5-10），在导出之前需要在 Revit 的【可见性/图形替换】对话框中清理不需要的内容，同时在视图中修改剖面框的范围，用以减少导出文件的大小，节约时间，然后点击 Datasmith 插件中的导出即可。

图 7.5-10 Datasmith 中的导出选项

D5 Render 使用其自身插件导出。导出前可对导出平滑度修改调整（图 7.5-11）。此外，在导出前，除了可以使用 Revit 自带的【可见性/图形替换】对话框进行图元的屏蔽以外，还可以使用插件中的【设置】面板对不同的 Revit 构件进行筛选。

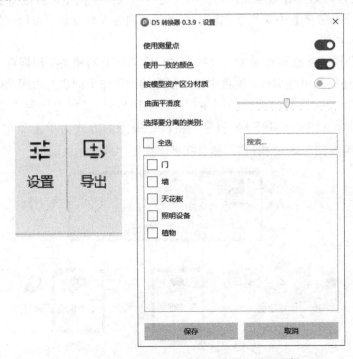

图 7.5-11 Datasmith 中的导出选项和设置面板

7.6　基于正向设计 BIM 模型计量

7.6.1　概述

根据中华人民共和国住房和城乡建设部发布的《建筑信息模型应用统一标准》(GB/T 51212—2016)、《建筑信息模型施工应用标准》(GB/T 51235—2017)、《建筑信息模型存储标准》(GB/T 51447—2021)等内容，可以深刻意识到各参与方在工程项目全生命期综合应用 BIM 技术是提升项目信息传递和信息共享效率和质量的有效方式，尤其是设计和施工阶段的模型共享，是正向设计成果延伸应用的理想路径之一。结合正向设计的模型，深度挖掘并有效传递 BIM 模型及其数据信息价值，同时进行工程量的实时统计，对于项目的整体造价控制具有重要意义。

我国部分软件厂商以此为突破点，研发基于 Revit 的施工图设计-算量插件，取得了较好的效果。本章节以晨曦算量软件为例进行阐述。

软件在已有模型的基础上，根据土建、钢筋与安装模块中内置的清单定额以及计算规则，实现快速工程计量、材料计量、钢筋布置、钢筋下料、数据集成等数字化技术的应用。

7.6.2　算量软件辅助出图

将国内建筑制图标准、相关规范等嵌入 Revit 算量插件中，用于快速出图。根据 Revit 模型和数据库自动生成建筑平面施工图和结构平面施工图，达到 CAD 图纸的成图质量，快速生成图纸，提高出图效率。模块内容如图 7.6-1 所示。

图 7.6-1　出图模块

1. 出图设置

用于设置对应楼层的图纸视图名称，设置柱、混凝土墙、门窗、独立基础注释名称，设置连梁标注方式，设置现浇板注释名称和填充图案，设置对应视图构件填充图案、填充颜色、线颜色和线型，设置构件连接（剪切）方式。

2. 生成视图

用于生成柱墙视图、梁视图、板视图、建筑平面图、独立基础图、基础梁图、底板图视图、立面图、柱大样图、详图等施工图（图 7.6-2～图 7.6-5）。

3. 导出图纸

用于生成、导出图纸。相关界面如图 7.6-6 所示：

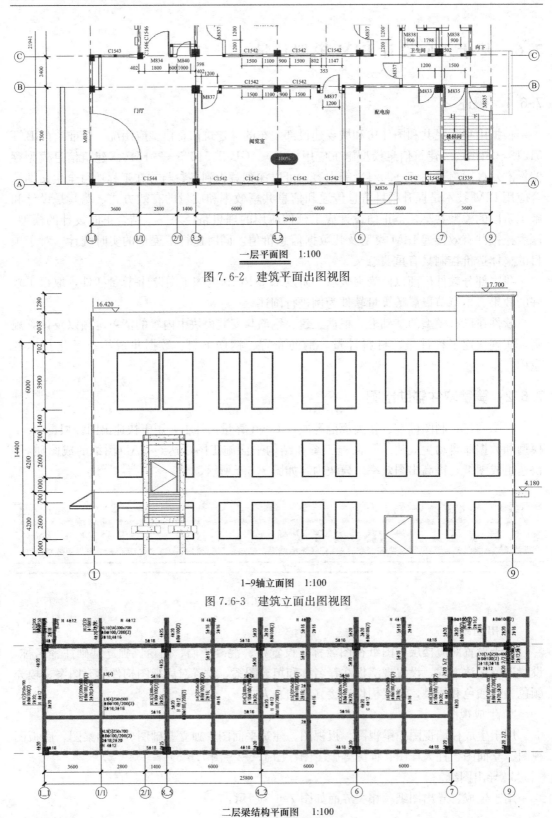

一层平面图 1:100

图 7.6-2 建筑平面出图视图

1-9轴立面图 1:100

图 7.6-3 建筑立面出图视图

二层梁结构平面图 1:100

图 7.6-4 结构平面出图视图

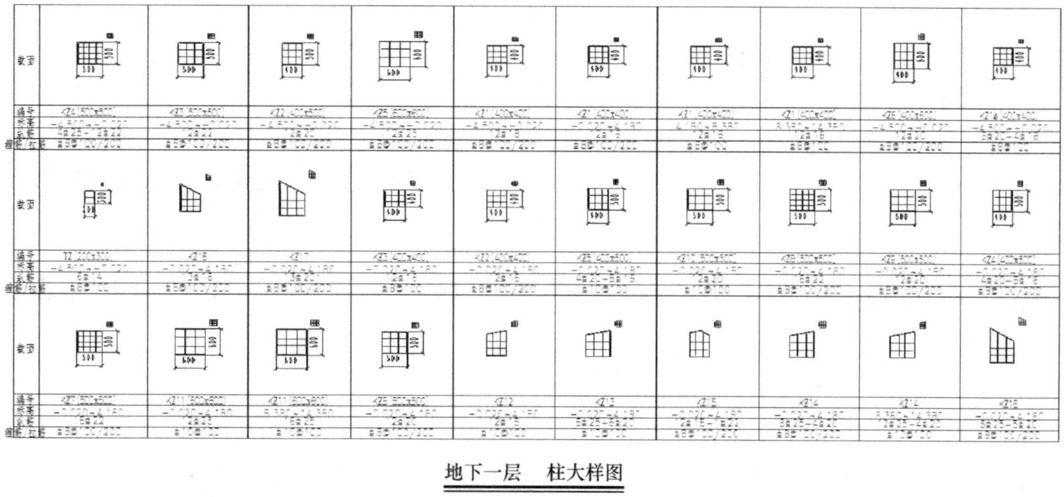

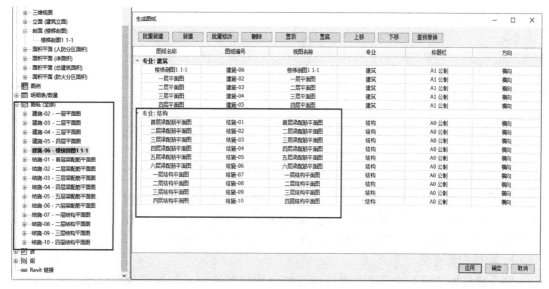

地下一层　柱大样图

图 7.6-5　结构柱大样图

图 7.6-6　图纸生成

7.6.3　正向设计模型构件深化

1. 结构构件读取

晨曦算量软件中正向设计钢筋模块解决了正向设计模型导入至 Revit 配筋问题，根据标注、参数等信息自动识别生成配筋信息，方便使用软件 BIM 钢筋模块进行配筋。模块内容如图 7.6-7 所示。

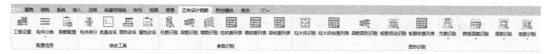

图 7.6-7　BIM 算量模块

2. 钢筋配置

将 Revit 柱、墙、梁和板共享参数内的钢筋信息与软件中设定的钢筋类别进行匹配。

3. 参数识别

将 Revit 参数属性中钢筋信息读取到软件数据库中。如图 7.6-8 所示，"参数识别"功能自动识别当前工程的柱、梁、墙构件；根据钢筋配置将柱、梁、墙钢筋信息读取到核查列表内。

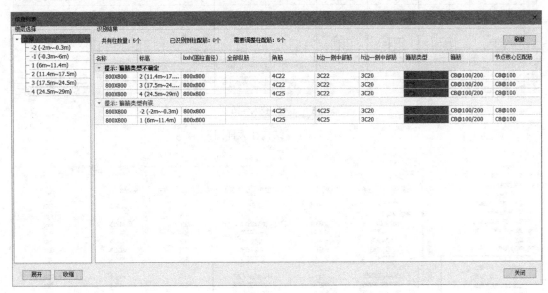

图 7.6-8　参数识别功能

4. 图形识别

将图形表达方式的钢筋信息读取到算量软件数据库中；"图形识别"功能显示柱大样识别界面，"提取"功能依次提取标识、钢筋图层、边框，"识别"功能自动识别当前视图内所有图形；识别完成，显示柱大样核查列表，如图 7.6-9 所示。

5. 构件智能布置

结合建筑规范要求的智能布置功能可加快建模的速度。如按照规范要求，墙长超过5m 时要布置构造柱，在智能布置窗口选择相应的条件规则后自动布置构造柱。模块内容如图 7.6-10 所示。

（1）智能布置

可根据建筑或结构设计说明中的布置规则，快速生成构造柱、过梁、圈梁等二次结构及其他零星构件，提升建模的效率。

（2）装饰布置

可根据房间、构件类型快速创建并布置天棚、楼地面、内墙面、外墙面、踢脚等装饰构件，提高建模效率。

7.6.4　正向设计模型计量

1. 土建计量

利用 Revit 建立的土建模型，根据国标清单规范或全国各地定额工程量计算规则，对

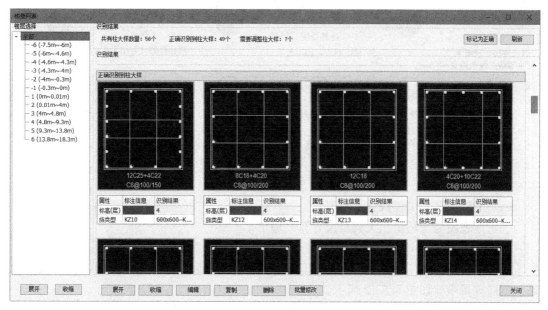

图 7.6-9　图形识别

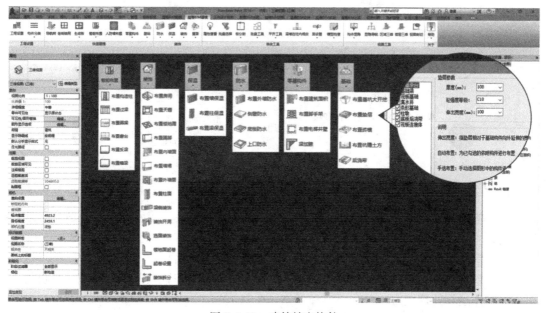

图 7.6-10　建筑补充构件

模型进行工程量分析和汇总。土建算量步骤如图 7.6-11 所示。

（1）工程设置：对楼层、算量等要素进行简单的设置和算量模式的选择；

（2）构件分类：对 Revit 模型构件自动添加算量类型属性，使出量结果更适合各地计算规则；

（3）计算设置：控制实物量输出项目，对实物量输出项目可增加、删除、查看或修改；

（4）清单定额：快速定义清单定额，实现输出清单定额工程量；

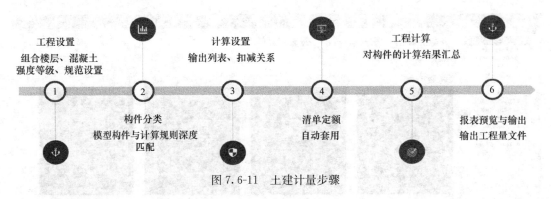

图 7.6-11　土建计量步骤

（5）工程计算：工程数据计算汇总；

（6）报表预览与输出：工程量及计算式输出。

2. 钢筋计量

基于 Revit 平台，可直接运用正向设计模型快速配置钢筋信息，进行工程出量及对账。钢筋算量步骤如图 7.6-12 所示。

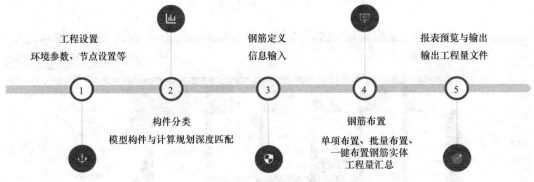

图 7.6-12　钢筋计量步骤

（1）工程设置：完成楼层创建、混凝土强度等级、抗震等级及钢筋长度汇总方式的设置；

（2）构件分类：对 Revit 模型构件自动添加算量类型属性，使出量结果更适合各地计算规则；

（3）钢筋定义：获取正向设计模型中的钢筋参数、图形信息；

（4）钢筋布置：完成对构件的工程量计算及钢筋实体的布置（此处需考虑计算机硬件对钢筋实体运算处理能力）；

（5）报表预览与输出：工程量及计算式输出。

3. 安装计量

利用 Revit 建立机电模型，根据国标清单规范或全国各地定额工程量计算规则对模型进行工程量分析和汇总。安装算量步骤如图 7.6-13 所示。

（1）工程设置：进行楼层设置、算量模式、工程特征等设置；

（2）构件分类：调整转换规则，将 Revit 模型构件转换为算量类型构件；

（3）设置回路：获取 Revit 系统回路属性或手动设置回路，实现工程量按系统回路划分；

（4）工程计算：工程数据计算汇总；

（5）报表预览与输出：工程量及计算式输出。

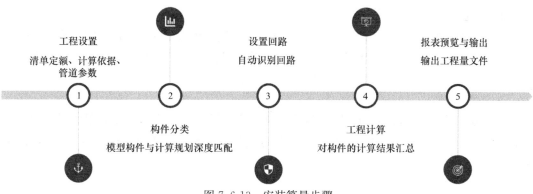

图 7.6-13 安装算量步骤

7.6.5 钢筋设计深化

基于 Revit 中已经建立了完整的钢筋模型，通过切图工具对钢筋模型每个主体类别中包含的每根钢筋进行标注，形成钢筋标注图和钢筋下料单，以及满足设计用于指导施工所需的信息和结果。模块内容如图 7.6-14 所示。

图 7.6-14 钢筋深化模块

1. 生成下料表

生成包含构件名称、构件标记、钢筋编号、钢筋直径、钢筋简图、下料长度、钢筋根数、单重、总重、钢筋类型等字段的下料表单。下料表表格如图 7.6-15 所示。

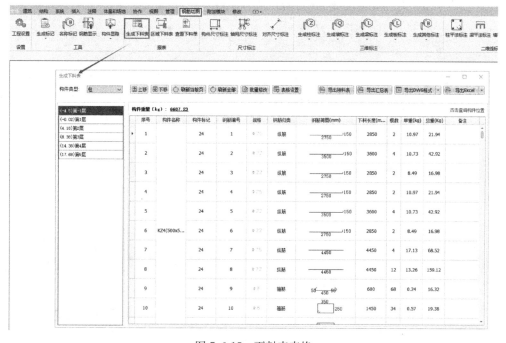

图 7.6-15 下料表表格

2. 三维标注

在三维视图中，对柱、梁、墙、板等构件中的钢筋类型以单个或节点的形式进行标注，通过三维标注图展示复杂钢筋节点，直观指导钢筋下料。相关三维标注图如图 7.6-16 所示。

3. 二维标注

在楼层平面、立面、剖面视图中将柱、梁、墙、板等构件的钢筋实体用详图线的方式标注（图 7.6-17），通过二维标注图对构件的钢筋实体进行二维钢筋排布，有效降低损耗率。

注：本章基于 BIM 设计的工程量计算，其功能、软件界面、示意截图等均以晨曦 BIM 算量软件作为参考。特此鸣谢。

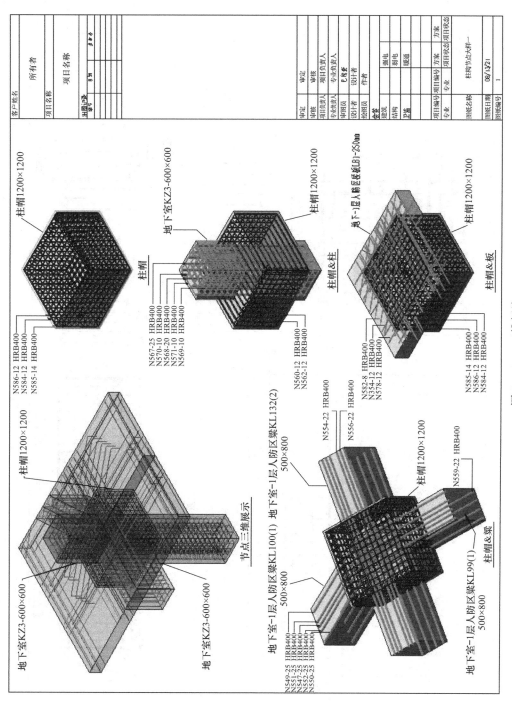

图 7.6-16　三维标注

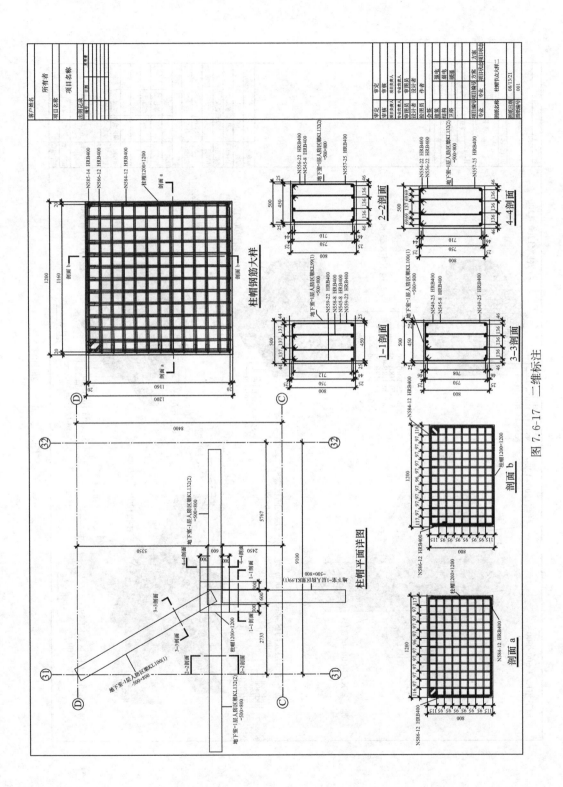

图 7.6-17 二维标注

相较于二维设计，建筑正向设计的多维度特性和全专业数据信息协同交付的成果具有多样性和直观性。

8.1 成果汇总

表 8.1-1 中列举了交付给项目参与方（业主、施工方等）的 BIM 正向设计常见成果，实际项目中具体内容可随项目需求调整。

设计说明中常用明细表统计构件 　　　　　　　　表 8.1-1

成果交付表		
分类	内容	交付形式
设计图纸	纸质图纸	纸质图纸
	电子图纸	.pdf/.dwg/.dwf(x)电子文件
设计模型	Revit 正向设计模型	.rvt 电子文件
	其他格式造型模型（可能）	.3dm/.skp/.max/.ifc/…电子文件
管线综合图	管综图纸及说明文件	PDF/DWG/.doc(x)/.xls(x)/…电子文件
轻量化模型	离线轻量化漫游模型（可能自带查看程序引擎）	.nwc/.nwd/.exe/…电子文件
	云端平台轻量化模型	云端平台使用方式
性能化分析	日照分析/报告	.rvt/.avi/.doc(x)/…电子文件
	烟气分析/报告	
	人流疏散分析/报告	
	室外风环境分析/报告	
	……	
渲染展示	渲染图片	.jpg/.bmp/…电子文件
	渲染漫游视频	.avi/.mp4/…电子文件
成果交付说明	软件版本	.doc(x)/.xls(x)/…电子文件
	模型组织结构	
	图纸生成情况汇总	

8.2 成果交付说明

表 8.1-1 中的成果交付内容需附以说明文件，以便项目参与方使用。说明内容主要包含成果查看软件版本、设计模型组织结构、成果图纸生成环境、其他注意事项等。

8.2.1 设计模型组织构架说明

模型组织架构说明即描述整个项目的模型按照何种方式拆分，如具体的专项、区域、专业和构件类型组成。

某大型机场航站楼项目中，由于模型拆分纷繁复杂，模型组织构成说明尤为重要。表格是最常见的描述模型组织构成方式（图 8.2-1、图 8.2-2）。

8.2.2 图纸生成情况汇总

图纸生成环境即说明图纸最终成图的来源设计文件及软件，以便项目参与方电子化查看相关信息（图 8.2-3）。

区域	建筑 内容	建筑 文件名称	结构 内容	结构 文件名称	机电 内容	机电 文件名称	幕墙 内容	幕墙 文件名称	屋顶 内容	屋顶 文件名称	行李系统专项 内容	行李系统专项 文件名称
A指廊	A指廊	19482-A-W-01-A指廊-R01.rvt	A指廊地上部分	19482-S-W-01-A指廊-地上部分-R01.rvt	A指廊	19482-MEP-W-01-A指廊-R01.rvt；19482-MEP-W-01-A指廊-R01-ZP污水管（喷淋）.rvt						
			A指廊地下部分	19482-S-W-01-A指廊-地下部分-R01.rvt								
			A指廊顶部扩大段小天窗	19482-S-W-01-A指廊顶部扩大段小天窗-R01.rvt								
			A指廊构造柱	19482-S-W-01-A指廊-构造柱-R01.rvt								
B指廊	B指廊（含地下管廊）	19482-A-W-01-B指廊-R01.rvt	B指廊地上部分	19482-S-W-01-B指廊-地上部分-R01.rvt	B指廊	19482-MEP-W-01-B指廊-R01.rvt；19482-MEP-W-01-B指廊-R01-ZP污水管（喷淋）.rvt						
			B指廊地下部分	19482-S-W-01-B指廊-地下部分-R01.rvt								
			B指廊顶部扩大段小天窗	19482-S-W-01-B指廊顶部扩大段小天窗-R01.rvt								
			B指廊构造柱	19482-S-W-01-B指廊-构造柱-R01.rvt								
			B指廊管廊构造柱	19482-S-W-01-B指廊管廊-构造柱-R01.rvt								
C指廊	C指廊（含地下管廊）	19482-A-W-01-C指廊-R01.rvt	C指廊地上部分	19482-S-W-01-C指廊-地上部分-R01.rvt	C指廊（含地下管廊、径机桥、喷淋）	19482-MEP-W-01-C指廊-R01.rvt						
			C指廊图钢结构	19482-S-W-01-C指廊钢结构-R01.rvt								
			C指廊地上部分构造柱	19482-S-W-01-C指廊-地上部分-构造柱-R01.rvt								
			C指廊地下管廊+构造柱	19482-S-W-01-C指廊管廊+构造柱-R01.rvt								
D指廊	D指廊（含管廊）	19482-A-W-01-D指廊-R01.rvt	D指廊地上部分	19482-S-W-01-D指廊-地上部分-R01.rvt	D指廊	19482-MEP-W-01-D指廊-R01.rvt；19482-MEP-W-01-D指廊-R01-ZP污水管（喷淋）.rvt						
			D指廊地下部分	19482-S-W-01-D指廊-地下部分-R01.rvt								
			D指廊顶部扩大段小天窗	19482-S-W-01-D指廊顶部扩大段小天窗-R01.rvt								
			D指廊地下管廊+构造柱	19482-S-W-01-D指廊管廊+构造柱-R01.rvt								
E指廊	E指廊（含地下室）	19482-A-W-01-E指廊-R01.rvt	E指廊地上部分	19482-S-W-01-E指廊-地上部分-R01.rvt	E指廊	19482-MEP-W-01-主指廊-R04.rvt+19482-MEP-W-01-E指廊-R01-ZP（喷淋）.rvt	航站楼主体基础（不含登机桥基础）	19482-A-W-01-基础-R02.rvt	航站楼主体屋顶（不含登机桥屋顶）	19482-A-W-01-屋顶-R02.rvt	航站楼行李系统	BJS-2022025-Refined By CSW-ADI.rvt
			E指廊顶部小天窗结构	19482-S-W-01-E指廊顶部小天窗-R01.rvt								
			E指廊地上部分构造柱	19482-S-W-01-E指廊-地上部分-构造柱-R01.rvt								
			E指廊地下室	19482-S-W-01-E指廊地下室-R01.rvt								
			E指廊地下室+构造柱	19482-S-W-01-E指廊地下室+构造柱-R01.rvt								
F大厅	F大厅L1层、B1层及B1上夹层地下室	19482-A-W-01-F大厅-F大厅L1层-R01.rvt	F大厅L1层	19482-S-W-01-大厅-L1-R01.rvt	F区大厅隧道、调电（含BD层及F区地下管廊、F区登机桥）	管综部分→19482-MES-W-01-F大厅-R02.rvt						
			F区大厅L1层构造柱	19482-S-W-01-大厅L1-R01.rvt								
			F大厅L2层	19482-S-W-01-大厅L2-R01.rvt								
			F大厅L3层	19482-S-W-01-大厅L3-R01.rvt								
	F大厅L1上夹层	19482-A-W-01-F大厅-F厅L1上夹层-R01.rvt	F大厅夹层钢结构	19482-S-W-01-F大厅夹层钢构-R01.rvt	F区强电	管综部分→19482-E-W-01-F大厅-R02.rvt						
	F大厅L2层	19482-A-W-01-F大厅-F厅L2层-R01.rvt	F大厅L2层	19482-S-W-01-F大厅限层构-R01.rvt	F区排水	管综部分→19482-P-W-01-F大厅-R02.rvt						
	F大厅L3层	19482-A-W-01-C指廊-F大厅L3层-R01.rvt	F大厅楼梯	19482-S-W-01-F大厅楼梯-R01.rvt		19482-MEP-W-01-F大厅-ZP-R01（喷淋）.rvt						
	电梯、扶梯、自动步道		F大厅地下部分构造柱	19482-S-W-01-大厅-B1-构造柱-R01.rvt								
			F大厅L1A构造柱	19482-S-W-01-大厅-L1A-构造柱-R01.rvt								
			F大厅L1层构造柱	19482-S-W-01-大厅L1层构造柱-R01.rvt								
			F大厅L2层构造柱	19482-S-W-01-大厅L2-构造柱-R01.rvt								
			F大厅L3层构造柱	19482-S-W-01-大厅L3-构造柱-R01.rvt								
登机桥	ABDE指廊登机桥	19482-A-W-01-登机桥-R01.rvt	ABDE指廊登机桥	19482-S-W-01-ABDE指廊-登机桥-R01.rvt	ABDE指廊登机桥	19482-MEP-W-01-登机桥-R01.rvt						
	C指廊登机桥	19482-A-W-01-C指廊-登机桥-R01.rvt	C指廊登机桥	19482-S-W-01-C指廊-登机桥-R01.rvt	C指廊（含地下管廊、径机桥、喷淋）	19482-MEP-W-01-C指廊-R07.rvt						
			ABCDE指廊登机桥构造柱	19482-S-W-01-登机桥-构造柱-R01.rvt								

文件名称	所属主要专业	内容/用途
19482-A-W-01-AXIS-R02.rvt	建筑	全项目轴网标高定位文件，同时用于出轴网定位图
19482-A-W-01-ALL-R01.rvt	建筑	容器文件/用于建筑全专业合并出该区域的图纸出图
19482-A-W-01-F大厅-交通体-R01.rvt	建筑	用于电梯、扶梯等交通体的图纸绘制及出图

（其它文件）

图8.2-1 某机场航站楼模型构件成果表（整体）

区位	建筑		结构		机电	
	内容	文件名称	内容	文件名称	内容	文件名称
A指廊	A指廊	19482-A-W-01-A指廊-R01.rvt	A指廊地上部分	19482-5-W-01-A指廊-地上部分-R01.rvt	A指廊	19482-MEP-W-01-A指廊-R01.rvt 19482-MEP-W-01-A指廊-R01-ZP(喷淋)
			A指廊地下部分	19482-5-W-01-A指廊-地下部分-R01.rvt		
			A指廊屋面扩大头小天窗	19482-5-W-01-A指廊-扩大段小天窗-R01.rvt		
			A指廊构造柱	19482-5-W-01-A指廊-构造柱-R01.rvt		

图 8.2-2 某机场航站楼模型构成表（A指廊局部）

序号	图号	名称	区域	来源	备注
1	A-W-WR001	卫生间分项设计说明	全局	卫生间分项设计说明.dwg	
2	A-W-WR002	WR-F-L1-01/02/03/04卫生间详图	F大厅	19482-A-W-01-F大厅-B1L1-R01.rvt	
3	A-W-WR003	WR-F-L1-0506卫生间详图	F大厅	19482-A-W-01-F大厅-B1L1-R01.rvt	
4	A-W-WR004	WR-F-L1-0708卫生间详图	F大厅	19482-A-W-01-F大厅-B1L1-R01.rvt	
5	A-W-WR005	WR-F-L1-A/B/C/D/E/F/G/H/JK/L/M/N/PQ卫生间详图	F大厅	19482-A-W-01-F大厅-B1L1-R01.rvt	
6	A-W-WR006	WR-F-L1a-01/02/03/04卫生间详图	F大厅	19482-A-W-01-F大厅-L1上夹层-R01.rvt	
7	A-W-WR007	WR-F-L1a-A/B/C/D/E卫生间详图	F大厅	19482-A-W-01-F大厅-L1上夹层-R01.rvt	
8	A-W-WR008	WR-F-L2-01/02/03/04卫生间详图	F大厅	19482-A-W-01-F大厅-L2-R01.rvt	
9	A-W-WR009	WR-F-L2-05/10/11/12卫生间详图	F大厅	19482-A-W-01-F大厅-L2-R01.rvt	
10	A-W-WR010	WR-F-L2-06/07/08/09卫生间详图	F大厅	19482-A-W-01-F大厅-L2-R01.rvt	
11	A-W-WR011	WR-F-L2-13/14/15/16卫生间详图	F大厅	19482-A-W-01-F大厅-L2-R01.rvt	
12	A-W-WR012	WR-F-L2-A/B卫生间详图	F大厅	19482-A-W-01-F大厅-L2-R01.rvt	
13	A-W-WR013	WR-F-L2-C/D卫生间详图	F大厅	19482-A-W-01-F大厅-L2-R01.rvt	
14	A-W-WR014	WR-F-L3-01/02卫生间详图	F大厅	19482-A-W-01-F大厅-L3-R01.rvt	
15	A-W-WR015	WR-F-L3-03/04卫生间详图	F大厅	19482-A-W-01-F大厅-L3-R01.rvt	
16	A-W-WR016	WR-F-L3-05/06/07/08/09/10/11卫生间详图	F大厅	19482-A-W-01-F大厅-L3-R01.rvt	
17	A-W-WR017	WR-F-L3-12/13/14/15卫生间详图	F大厅	19482-A-W-01-F大厅-L3-R01.rvt	
18	A-W-WR018	WR-F-L3-A/B/C/D/E/F/G/H/J/K/L/M卫生间详图	F大厅	19482-A-W-01-F大厅-L3-R01.rvt	
19	A-W-WR019	WR-A-L2-01/02/03卫生间详图	A指廊	19482-A-W-01-A指廊-R01.rvt	
20	A-W-WR020	WR-A-L1-A/BC/D/E/FG/H/J卫生间详图	A指廊	19482-A-W-01-A指廊-R01.rvt	
21	A-W-WR021	WR-B-L2-01/02卫生间详图	B指廊	19482-A-W-01-B指廊-R01.rvt	
22	A-W-WR022	WR-B-L1-01 WR-B-L2-03/04卫生间详图	B指廊	19482-A-W-01-B指廊-R01.rvt	
23	A-W-WR023	WR-B-L1-A/B/C/D卫生间详图	B指廊	19482-A-W-01-B指廊-R01.rvt	
24	A-W-WR024	WR-C-L1-A/B/D/E; WR-C-L2-01/02/04; WR-C-L3-01/02/03卫生间详图	C指廊	19482-A-W-01-C指廊-R02.rvt	
25	A-W-WR025	WR-C-L1-C/F/G; WR-C-L1M-01/02/03; WR-C-L2-03卫生间详图	C指廊	19482-A-W-01-C指廊-R02.rvt	
26	A-W-WR026	WR-C-L1-01/02; WR-C-L1M-04卫生间详图	C指廊	19482-A-W-01-C指廊-R02.rvt	
27	A-W-WR027	WR-C-L2-05/06; WR-C-L3-04/05卫生间详图	C指廊	19482-A-W-01-C指廊-R02.rvt	
28	A-W-WR028	WR-D-L2-01/02卫生间详图	D指廊	19482-A-W-01-D指廊-R01.rvt	
29	A-W-WR029	WR-D-L1-01 WR-D-L2-03/04卫生间详图	D指廊	19482-A-W-01-D指廊-R01.rvt	
30	A-W-WR030	WR-D-L1-A/B/C/D/E卫生间详图	D指廊	19482-A-W-01-D指廊-R01.rvt	
31	A-W-WR031	WR-E-L1-01/02 WR-E-L2-01/02/03卫生间详图	E指廊	19482-A-W-01-E指廊-R01.rvt	
32	A-W-WR032	WR-E-L1-A/B/CD/E/F/G卫生间详图	E指廊	19482-A-W-01-E指廊-R01.rvt	

图 8.2-3 某机场航站楼卫生间详图生成环境汇总

相较于传统的二维设计，正向设计对软件都有更高的要求。

首先，设计流程管理变得更加复杂，需要更多的技巧和策略来应对；其次，设计信息和数据的输入变得更加丰富多样，需要更多的资源和工具来支持。此外，设计维度和设计精细度也得到了大幅提升，处理复杂形体变得更具挑战性。为了克服这些难题，我们需要借助第三方软件/插件进行建模，以弥补正向设计的不足。

9.1 Dynamo

Dynamo 作为软件内置的可视化编程工具，可以拓展 Revit 的功能，提升软件的使用效率和体验。设计人员仅需要掌握 Dynamo 节点的用法，厘清开发需求和实现逻辑，不需要掌握写代码的能力，就可以轻松进行可视化的"二次开发"。

设计人员可针对有价值的功能需求进行简单的可复用的 Dynamo 开发，提供给项目团队在更多的项目中反复使用，让 BIM 正向设计的过程更加高效和智能。

下面分享一些有价值的 Dynamo 程序和对应的应用场景。

9.1.1 在众多视图中查询和删除已导入的 CAD 图纸

在项目后期，我们可能需要清理前期导入 Revit 的 CAD 图纸，以减小 Revit 文件的大小。Dynamo 可以提供一种快速查询和定位 Revit 文件中所有导入 CAD 图纸的方法，帮助设计师提升管理效率。

如图 9.1-1 所示，在 Dynamo 中，查询 Revit 项目中所有的 "ImportInstance" 图

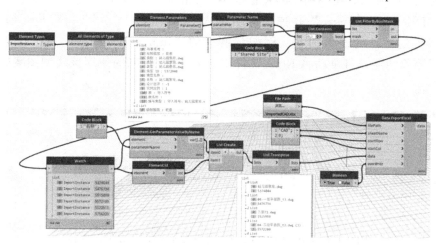

图 9.1-1 Dynamo 编程：查找导入的 CAD 图纸

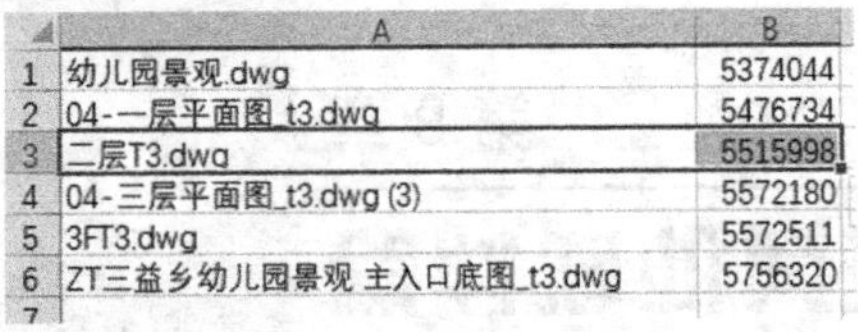

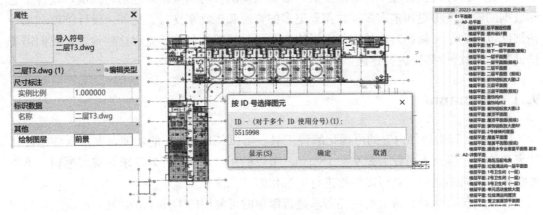

图 9.1-2 获取导入 Revit 的
CAD 图纸列表

元，即导入的 CAD 图纸（.dwg 文件），通过 "Element. GetParameterValueByName" 获取 CAD 图纸的 "名称" 和 "Revit ID" 参数值，将这两项信息写入 Excel 表格，采用 Dynamo 程序获得导入的图纸列表。

如图 9.1-2 和图 9.1-3 所示，在 Revit 管理菜单的 "按 ID 选择" 功能中输入 ID 号，点击 "显示"，即可开启对应的视图，高亮显示被查找的 CAD 图纸，方便进行图纸的管理。

图 9.1-3 通过 ID 查询找到导入的 CAD 图纸

9.1.2 删除被分解的 CAD 图纸中冗余的线条

在 Revit 中应尽量避免分解导入的 CAD 图纸（图 9.1-4），分解 CAD 图纸时会在模型中产生大量的填充区域、线型图案、文本样式、尺寸样式等冗余内容，增加 Revit 文件大小，并增加出图相关工作量。

图 9.1-4 Revit 模型分解

如图 9.1-5 所示，可以使用 Dynamo 中 Modelical 节点包的 "DeleteLinePatterns" 快速删除由导入 CAD 图纸分解后产生的额外的线型图案。例如示例中的 "Import-Border2"，在下拉菜单中选取，启用删除功能，可自动将 Revit 文件中导入 CAD 带来的使用该线型图案的线图元清理干净。

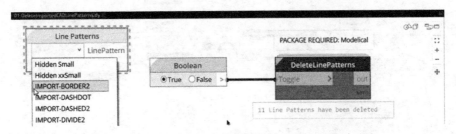

图 9.1-5 Dynamo 编程：查找删除分解 CAD 图纸冗余内容

9.1.3　删除某一标高时，为基于此标高创建的图元指定新的归属标高

当删除 Revit 中的标高时，基于该标高创建的所有图元和视图都会一并删除，所以需要在删除标高前将这些图元的约束标高改到其他标高上。为了让这一过程更简化，可使用一个简单的 Dynamo 程序提升效率。

如图 9.1-6 所示，通过"All Elements at Level"获取依托于楼层"F1"标高创建的所有图元，通过"Element. GetCategory"获取图元对应的类别名称。如要获得当前标高的所有墙，则通过"Category. Name"获取图元的类别名称，再判定类别名称是否包含"墙"字段，将墙图元筛选出来，修改墙的约束标高统一到新的标高上。

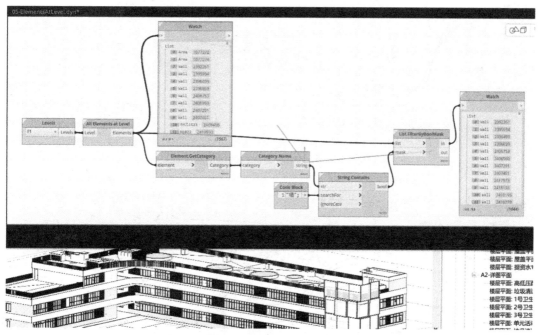

图 9.1-6　Dynamo 编程：为实例指定新标高

9.1.4　自动创建轴网和标高

使用 Dynamo 批量创建轴网和标高，不仅节省大量时间，还可以自动编号，自定义编号顺序和命名规则。

如图 9.1-7 所示，使用"Grid. ByStartPointEndPoint"创建轴线，分别确定轴线的起点和终点。对于数字轴线，创建从"1"或指定值开始的数字列表，再使用节点"Element. SetParameterByName"替换轴线的名称参数值；对于字母轴线，创建从"A"或指定字符串开始的字母列表，其他步骤同理。

标高创建，如图 9.1-8 所示，通常使用"Level. ByElevationAndName"。创建一组高程值列表，对应创建一组标高名称列表。例如，希望设置标高命名规则为"楼层－F"，首先创建从"1"到"楼层数"的数字列表，将其转换为字符串，再使用"String. Join"，将"－"设为连接符"separator"，将"F"设为后缀"string1"，通过 List. Map 将"－F"

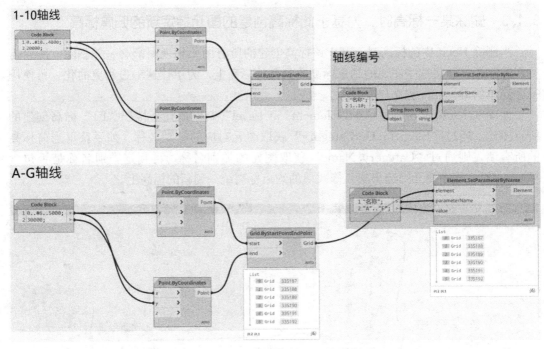

图 9.1-7　Dynamo 编程：批量创建轴线

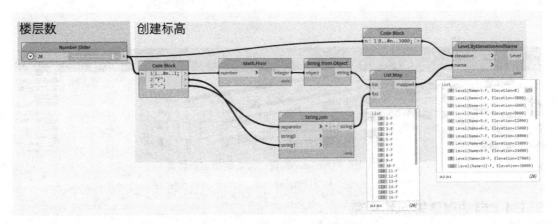

图 9.1-8　Dynamo 编程：批量创建标高

连接到"1"到"楼层数"的字符串列表中的每一项，获得目标的标高名称列表，实现批量化的标高创建。

9.1.5　批量布置可载入族实例

　　Revit 设计涉及大量重复性建模工作，例如批量布置装饰、家具、支座、设备末端，等等。如果这些工作能自动化完成，就可能带来建模效率和精度的大幅度提升。

　　如图 9.1-9 所示，以在柱顶端布置支撑屋面网架的支座族为例，如果柱顶部高程和柱身旋转角度不同，则放置支座族时需要人工逐一调整。使用 Dynamo 程序批量化实现这一过程。

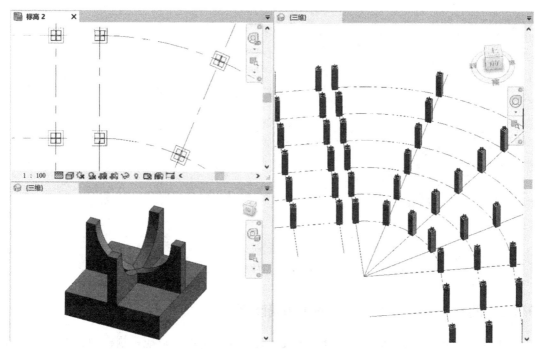

图 9.1-9　柱顶批量布置支座族

如图 9.1-10 所示，对于项目顶层的柱，分别获得柱底截面和柱顶截面的定位点坐标。使用 "FamilyInstance. ByPoint" 在柱顶批量布置已加载进项目的 "球形支座" 常规模型族，获取项目中控制柱身旋转的轴线图元，计算轴线与 X 轴正方向的角度值，用于驱动 "球形支座族" 绕 Z 轴的旋转。

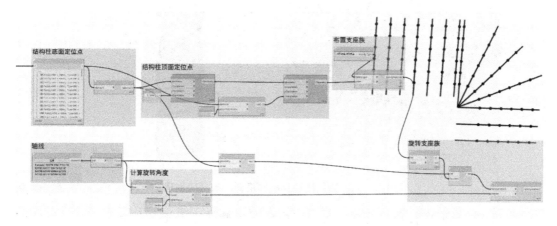

图 9.1-10　Dynamo 编程：在柱顶批量布置支座族

如图 9.1-11 所示，通过 "Geometry. DoesIntersect" 判定每一根轴线上的柱底截面定位点，通过 "List. FilterByBoolMask" 将对应的 "球形支座族" 筛选出来。"List. Map" 用于获得有组织的列表，以轴线为基础，将处于该轴线上的 "球形支座族" 分别放入该轴线对应的子列表中，将前面计算求得的每根轴线的旋转角度与该轴线上的 "球形支座族" 一一对应，通过 "FamilyInstance. SetRotation" 驱动图元旋转到准确的位置上。

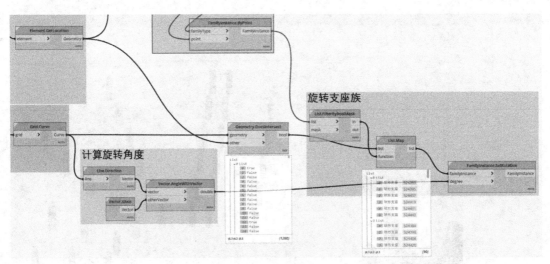

图 9.1-11　Dynamo 编程：按照柱旋转角度批量旋转支座族

9.1.6　曲面网格划分和创建自适应幕墙嵌板

利用 Dynamo 简化幕墙创建工作。首先创建幕墙嵌板的自适应常规模型族，如果是四边形幕墙，则创建 4 个自适应点；如果是三角形幕墙，则创建 3 个自适应点，以此类推，将自适应幕墙嵌板族载入 Revit 项目中（图 9.1-12）。

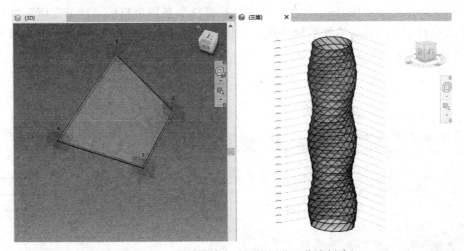

图 9.1-12　高层塔楼自动网格划分和幕墙创建

以超高层异形塔楼项目为例，每一层由椭圆形旋转上升形成的异形形体，具体的 Dynamo 程序如图 9.1-13 所示，楼层数可设为变量，方便后续方案调整。获得每一层平面的控制椭圆曲线后，使用 Dynamo 进行幕墙网格划分，再布置自适应幕墙嵌板。

如图 9.1-14 所示，使用节点"Curve. PointAtSegmentLength"按变量"纵向网格根数"在每一层的椭圆曲线上取网格控制点。再使用软件包"Ampersand"中的"[&] PointGrid. ToQuadSets"将所有的点按相邻的、可构成四边形的成组方式，按构成一块幕墙嵌板的四个角点为一组，放在各子列表中。可参考该节点运行后的预览结果，注意列表

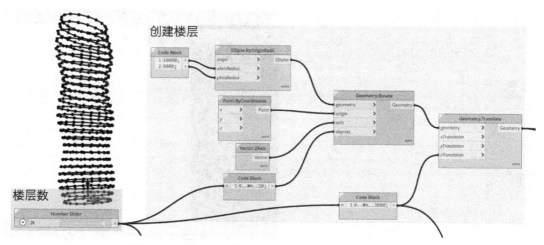

图 9.1-13 Dynamo 编程：高层塔楼自动创建楼层标高

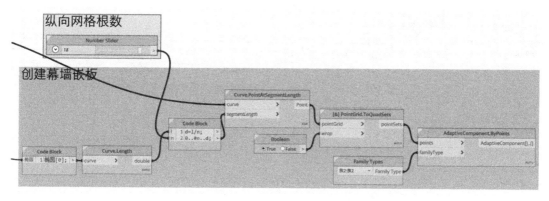

图 9.1-14 Dynamo 编程：自动划分幕墙网格和创建幕墙嵌板

的组织方式。

最后，使用 AdaptiveComponent.ByPoints 将自适应幕墙嵌板族布置在准确的空间位置上，几秒钟就可以完成异形塔楼的幕墙建模。

9.1.7 自动统计各类别房间面积并导出 Excel 表

在建筑设计过程中需要定期进行房间的功能面积配比分析，因此需要将不同功能的房间面积加总并进行比较。Dynamo 程序可以快速地帮助设计人员执行这一命令，随时获取所有的房间功能和对应的面积总和信息，并导出 Excel 表格进行更加直观的图表统计和展示。

如图 9.1-15 所示，通过"Categories"和"All Elements of Category"获取项目中的所有房间图元，通过"Room. Area"和"Room. Name"获取对应的面积和功能信息。

如图 9.1-16 所示，通过"List. GroupByKey"将功能相同的房间的面积组织到对应的子列表中，使用"Math. Sum"统计各个子列表中的面积，计算项目中所有房间的面积总和，获得项目总建筑面积，然后计算各功能房间总面积占总项目建筑面积的百分比。至此获得了三组数据，分别是房间类型、该类房间总面积、占总建筑面积百分比。

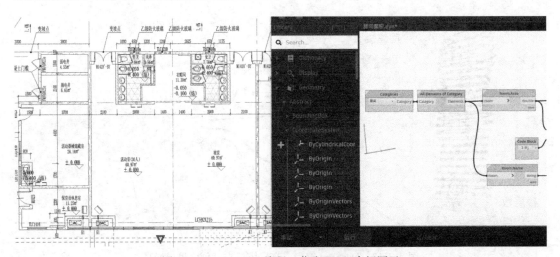

图 9.1-15　Dynamo 编程：获取 Revit 房间图元

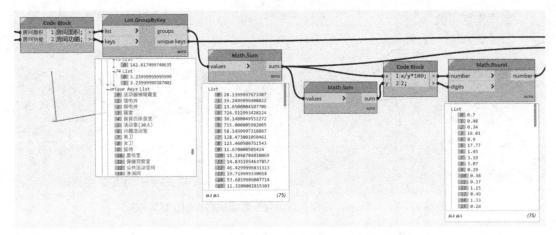

图 9.1-16　Dynamo 编程：批量获取房间名称和面积

如图 9.1-17 所示，将以上三组数据通过"List. Create"汇总在一个大列表中，再通过"List. AddItemToFront"将表头数据添加至该列表，用"Data. ExportExcel"将列表数据导出到 Excel 表格。使用 Excel 的树状图功能创建房间功能面积配比图（图 9.1-18）。

9.1.8　按指定顺序和命名规则对房间编号

在 Revit 设计中，编号是一项耗时耗力的工作，对于房间编号、构件编号、车位编号等，需要花费设计人员大量时间手动录入和调整。使用简单的 Dynamo 程序，可以应对各种自动编号的需求。此处以房间编号为例进行讲解。

如图 9.1-19 所示，在 Revit 平面视图中绘制模型线，模型线依次穿过需要自动编号的房间。使用"Select Model Element"选择模型线，使用"Curve. PointAtSegmentLength"在模型线上均匀地取 100 个或更多的点。通过"Geometry. BoundingBox"获取房间的几何范围，使用"BoundingBox. Contains"获取按模型线依次穿过房间的顺序排列好的房间列表。

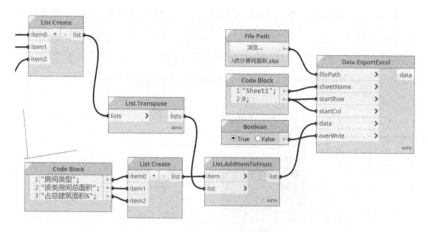

图 9.1-17　Dynamo 编程：导出房间信息到 Excel 表格

	A	B	C
1	房间类型	该类房间总面积	占总建筑面积%
2	活动器械储藏室	28.13999977	0.7
3	强电井	19.24999994	0.48
4	弱电井	13.65000041	0.34
5	寝室	724.5129934	18.01
6	保育员休息室	36.14000496	0.9
7	活动室(30人)	715.000006	17.77
8	兴趣活动室	58.14999973	1.45
9	男卫生间	128.4730011	3.19
10	女卫生间	123.4605008	3.07
11	接待	11.67000051	0.29
12	晨检室	15.18487848	0.38
13	保健观察室	14.83519546	0.37
14	公共活动空间	46.42999968	1.15
15	洗消间	19.71999933	0.49
16	热厨区	53.6819989	1.33
17	办公室	11.32000028	0.28
18	肉类加工间	20.40000061	0.51
19	蔬菜加工间	20.40000043	0.51
20	面点间	19.11500087	0.48
21	预进间	3.555764466	0.09
22	走道	46.5379999	1.16
23	进线间	25.61000007	0.64
24	强电间	10.70999996	0.27

图 9.1-18　创建房间功能面积配比图

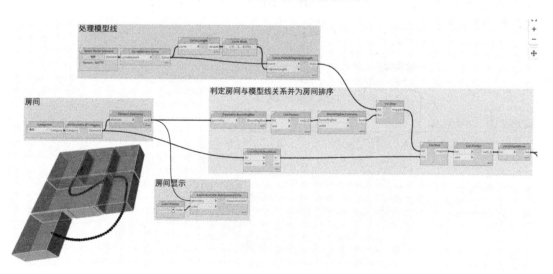

图 9.1-19　Dynamo 编程：房间自动编号

如图 9.1-20 所示，使用指定的编号命名规则创建编号的字符串列表，通过"Element. SetParameterByName"将新编号写入房间的"编号"参数栏，覆盖原有编号值。编号的方法多种多样，不限于使用模型线指定编号顺序，设计师可根据需求和经验，按不同逻辑编写确定编号顺序的程序，以适用于不同的自动化编号场景。

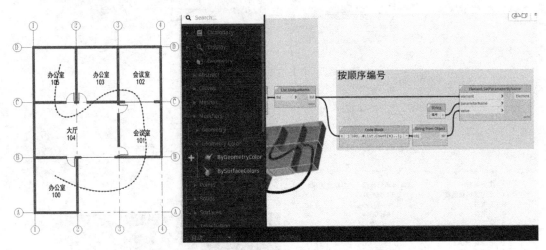

图 9.1-20　Dynamo 编程：指定房间自动编号顺序

9.1.9　使用资料集的方式汇集 Revit 模型数据

字典是 Dynamo 中的资料集，可以把相互关联的数据按条目放在 Dynamo 字典中，供后续工作过程的查询和编辑。

如图 9.1-21 所示，以创建一个墙的字典为例，获取项目中的墙图元、墙类型、墙高度和墙长度列表。将这四个列表组成一个大列表，作为"values"值，同时创建"key"的输入值（墙图元、墙类型、高度、长度），与"values"输入对应。使用 Dictionary. ByKeysValues 创建墙字典，以上四种数据按"key"储存与资料集中，并供设计师后续查询。

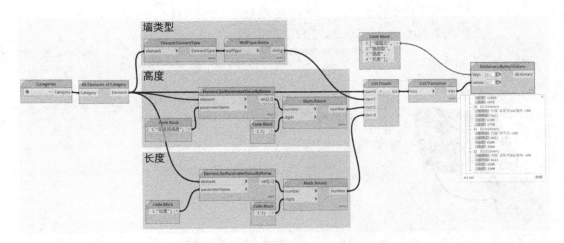

图 9.1-21　Dynamo 编程：创建墙字典

9.1.10 复原视图中的图元样式

当设计师需要在 Revit 的视图中临时替换某些图元的可见性，例如图元的表面填充图案、截面填充图案、透明度等时（图 9.1-22），如果希望恢复图元的原始设置，可简单地使用一个 Dynamo 程序，自动还原视图的默认样式。

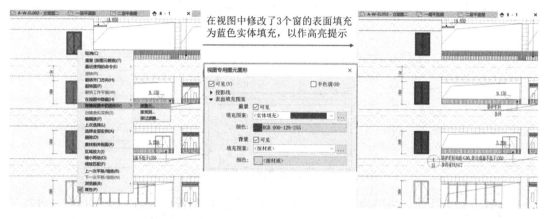

图 9.1-22 设置窗户的表面填充图案和颜色

如图 9.1-23 所示，"OverrideGraphiSettings. ByProperties"节点包含截面填充颜色、表面填充颜色、截面线颜色、投影线颜色、截面填充图案、表面填充图案、透明度、详细程度等非常多的可见性设置内容，如果全部使用默认输入值，则可为指定图元恢复到"视图专用可见性设置"调整前的显示状态。图 9.1-23 使用"All Elements in Active View"并选择了当前活动视图中的所有图元，恢复它们的可见性为默认样式，则图 9.1-22 中三个调整过颜色的窗户恢复了最初的状态。

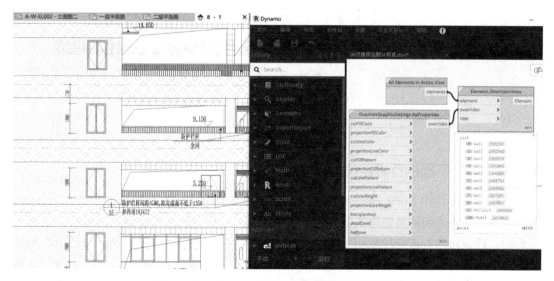

图 9.1-23 Dynamo 编程：还原图元可见性设置

9.1.11　获取 Revit 链接模型中的图元信息

在设计人员与其他专业进行协同设计的过程中，需要链接其他专业的 Revit 模型，如能获取链接模型中的图元信息，则能更方便地进行各专业数据的交互，提升协同设计的效率和精度。如图 9.1-24 所示，Dynamo 软件包"Archilab"和"Rhythm"提供了一些常用的与链接模型进行互操作的节点，帮助设计师实现这一过程。

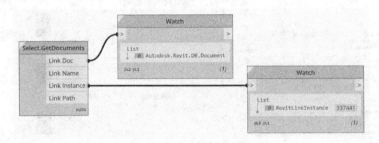

图 9.1-24　Dynamo 编程：获取链接模型

如图 9.1-25 所示，将结构专业提资的柱网模型链接到建筑专业 Revit 项目中，可按照如下 Dynamo 程序获取所有结构柱图元，以及对应的柱底定位点坐标和柱顶偏移。利用柱底定位点坐标在建筑模型中批量创建相同截面尺寸的建筑柱，利用柱顶偏移值统一建筑模型与结构模型中柱子的高度，为建筑专业节约建模时间，保证专业间设计信息的一致性。

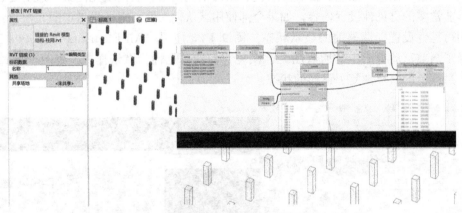

图 9.1-25　Dynamo 编程：获取链接模型中的柱高度

9.1.12　基于平面的行进路线分析和比较

路线分析工具在 Revit 2020 中首次引入。这些工具可用于在楼层平面中选择两个点，并计算这两个点之间的最短路线。路线分析设置控制分析过程中将模型中的哪些类别视为障碍物。计算出的行进路径使用 300mm 的间隙，以避开沿路径的障碍物。路径不会沿垂直方向计算，行进路径必须全部在一个标高上。在后续版本中，Revit 又提供了路线分析的 Dynamo 系列节点，帮助设计人员处理多起点、多出口的平面路线分析。

Dynamo 中自动创建行进路线主要有两种方式：一种是确定起点和终点，自动创建人行路线，并计算路线长度和预计行走时间；另一种是计算从楼层平面的房间到指定出口点所有最短路径中的最长行进路线。如图 9.1-26 所示，以建筑项目为例，利用 Dynamo 程序在一个有两个出口的建筑平面中，找到从 9 个路线起点（图 9.1-26 平面中的圆形定位点）最快离开该平面区域的路线方案。

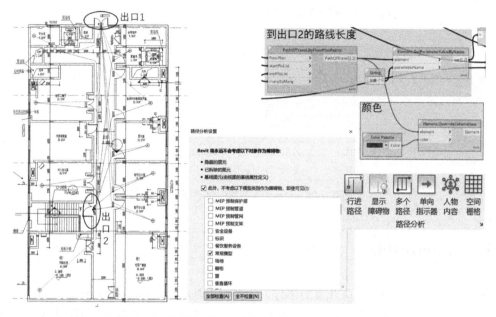

图 9.1-26　使用路径分析功能创建每个房间的疏散路线

9.1.13　使用 Dynamo 自动创建图纸

Dynamo 提供了两种常用节点："Sheet.ByNameNumberTitleBlock"（通过图名图号、图框创建图纸）和 "Sheet.ByNameNumberTitleBlockAndView"（通过图名、图号、图框、视图创建图纸），可辅助设计人员批量化创建图纸，提升出图效率。

如图 9.1-27 所示的项目中，使用 Excel 表格将图纸所包含的信息，（如图纸编号、

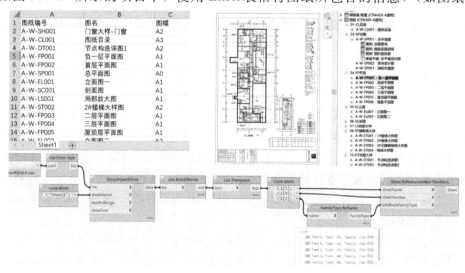

图 9.1-27　Dynamo 编程：自动创建图纸

图名、图幅等）在表格中设定好，使用 Dynamo 读取 Excel 表格信息，分别将图名（sheetName）、图纸编号（sheetNumber）、图幅（图框族：titleBlockFamilyType）作为输入项连接到"Sheet.ByNameNumberTitleBlock"，即可快速创建对应的图纸，再在 Revit 中依次将视图手动添加到图纸中（图 9.1-28）。

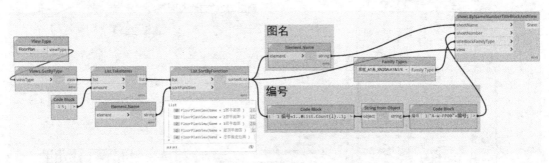

图 9.1-28　Dynamo 编程：自动图纸编号

9.2　RhinoInside

RhinoInside 是自 Rhino7 开发的插件，主要作用是将 Rhino&Grasshopper 的设计工作流较好地与 Revit 等第三方软件结合，从底层交互的角度打通相应软件的模型数据信息传输，减少上层交互中可能出现的模型数据信息转换错漏的问题。RhinoInside 在 Revit 中以插件形式存在，通过插件开启调用 Rhino&Grasshopper，插件内名为 Revit 的电池模块，可用于 Rhino 和 Revit 之间互相接收、转换与传递模型数据信息，起到了桥梁搭接的作用，实现对 Revit 内各类构件及其参数的快速提取修改和同步建模。

9.2.1　数据类型

RhinoInside 数据结构与 Revit 分别对应，将 Revit 中的类型和实例信息输入族参数（family），生成元数据计算属性和几何图形，在 Reivt 族定义中提供的属性及参数会一起通过 RhinoInside 嫁接到 Rhino 中生成 BIM 对应的数据结构（图 9.2-1）。

9.2.2　操作 UI

Revit 对图元的操作方式于数据类型的基础上在 RhinoInside 中进一步细分，将工作流程拆解成最小工作模块的形式，并按颜色区分操作类型，如图 9.2-2 所示，共计五种操作（查询，分析、修改、创建、删除）。其中双色渐变图标的电池块整合多项工作，将输入的元素传递到输出，同时对其进行修改和分析，由于 Revit 和 Rhino 平台基于不同数据属性创建图元，这些电池块将自动转换参数类型，并在输出端附带可调节的 UI 接口，方便串联形成高效工作脚本。

RhinoInside 的典型应用之一，是快速基于几何信息的提取算量。以长沙机场的屋面系统及某项目的复杂幕墙系统为例，由于系统复杂，工程量大，在不同位置的细节繁多琐碎，传统算量方法不但工作量巨大，计算精度有限，而不能在深化过程中即时更

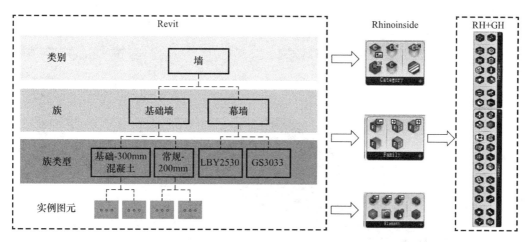

图 9.2-1　RhinoInside 中的数据类型转换

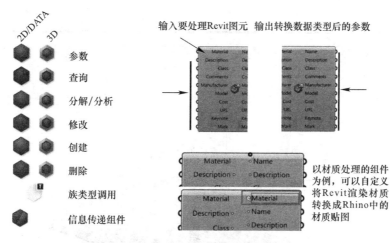

图 9.2-2　RhinoInside 中的组件 UI 和数据传递

新。针对 Revit 软件不能计算某些幕墙系统工程量的局限，利用 Rhinoinsde 将 Revit 中深化后的幕墙设计实时统计，传递数据到 Rhino，通过 Rhino 的参数化工具精准高效地计算统计幕墙工程量，可在很大程度上提高项目算量的效率及准确性（图 9.2-3、图 9.2-4）。

进一步讲，图元的几何属性可以由运算器读取到 Grasshopper 平台辅助模型检查，如查询车位是否被反转可用到以下脚本（图 9.2-5），通过读取指定的族类型的构件属性过滤和快速修正 Revit 中的实例图元。

9.2.3　预览和追踪

RhinoInside 在 Grasshopper 的操作可以通过 Revit 面板中的 Rhinoceros 选项卡进行预览切换（图 9.2-6）。三种模式分别对应关闭预览、线框模式和着色模式。其中线框模式占用显存较低，复杂异形建模过程中推荐开启。而在编写复杂脚本时，为防止Revit 和 Rhino 卡顿崩溃，可以锁定求解器（运行开关），以减少在大型 Revit 模型中

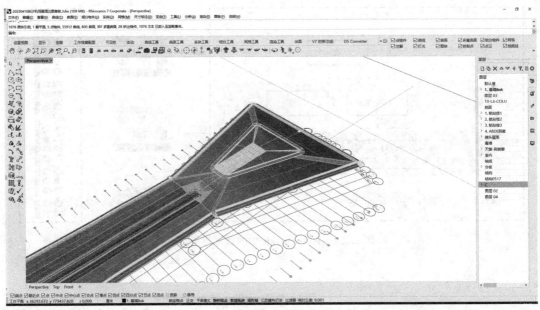

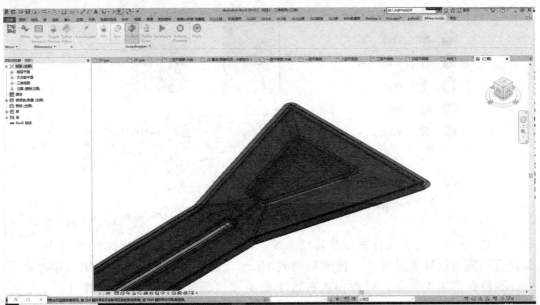

图 9.2-3　Revit-Rhino 模型信息传递

计算的等待时间。

　　RhinoInside 默认的追踪允许 Grasshopper 实时更新在插件中创建的 Revit 元素，追踪更新的优先级高于 Grasshopper 的脚本保存和传统的图元烘焙，意味着同一个脚本在不修改追踪模式的条件下，一个脚本只能创建一个 Revit 实例，更改输入的 Revit 图元自动删除原构件以新建图元。每个脚本输出会关联它添加的 Revit 图元 ID，Grasshopper 在关闭重启后会自动识别（图 9.2-7）。

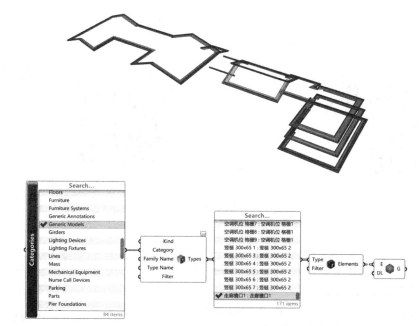

图 9.2-4　RhinoInside 提取屋面构造的全部几何构件

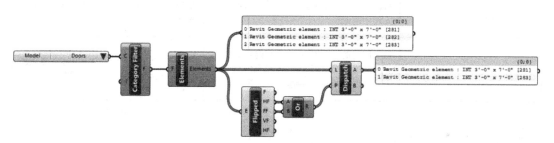

图 9.2-5　RhinoInside 修正反转过的图元

预览模式：　　　　运行模式：
1.关闭预览　　　　1.运行开关
2.线框模式　　　　2.重运行
3.着色模式　　　　3.切断构件追踪
　　　　　　　　　4.运行本地脚本

图 9.2-6　RhinoInside 界面

9.2.4　Rhino 模型导入 Revit

　　RhinoInside 允许将 Rhino 中的几何构件转换为 Revit 图元。操作时注意，最简洁的方式可能不是最优解，需要根据构件的转换目的选择，以提高 Revit 模型中数据结构的质量和项目效率。如表 9.2-1 所示，总共有三种方法：

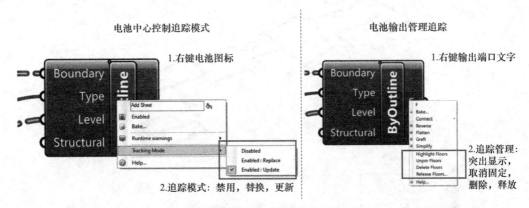

图 9.2-7　RhinoInside 的构件追踪设置

多种导出方法对比　　　　　　　　　　　　　　　　　　　表 9.2-1

方法	优点	缺点
通过 Directshape 直接导入体量	最快的实现办法，适合在早期设计演示中用作临时占位	图元无法编辑，非原生构件，卡顿
创建族实例	可以多次插入重复对象，Revit 可编辑载入族中的形状	基于 RevitAPI 转换，部分族转换不成功
创建 Revit 原生构件	最大限度的图形控制、动态内置参数值和所有通用项目标准 BIM 参数的访问权限，与原生构建无差别	基于 RevitAPI 转换，对 Rhino 中建模质量要求较高，可转换的族有限

9.2.5　Environment

　　BIM 协同配合过程中总图往往依赖二维 CAD 深化，与大部分建筑主体基于 Revit 的三维配合流程脱节。在 Revit 中生成场地，主要依赖导入实例创建地形和导入点文件创建地形，这两种方法生成原始地形较方便，但要修改原始地形进行设计，例如创建道路时删除道路内多余的控制点并手工计算每个点的高程变化，过程非常繁琐。

　　Environment 可以在 Revit 中扩展场地和景观的建模功能。通过从 CAD 导入等高线或 Revit 内绘制模型线创建地形表面，并允许在 Revit 中对等高线标高二次编辑，同时，根据地形周边现状元素的边缘自动放样过渡，衔接地形表面（图 9.2-8）。

　　Environment 能够对地形坡度和高程进行分析，并具有将 Revit 中创建的地形快速导出为 LandXML 格式的工具。道路工程师可以轻松地将 Civil 3D 与 Revit 模型同步。

　　除场地建模外，还可快速布置构筑物如栏杆和车位，自动编号（图 9.2-9）。并为曲线坡道创建展开立面视图，同时进一步扩展应用到异形幕墙展开。散布工具可以快速根据设计意图随机或线性地布置植物模型。

　　Revit 最近发布的 2024 版已经将场地功能模块进行了升级，场地建模类似于创建楼板构件，且具有了实体的属性，部分建模功能和原理与 Environment 功能类似。

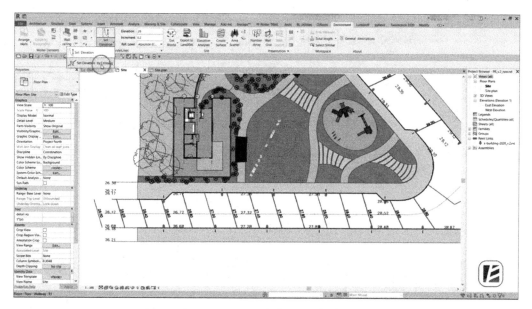

图 9.2-8 Environment 根据 CAD 创建总图地形

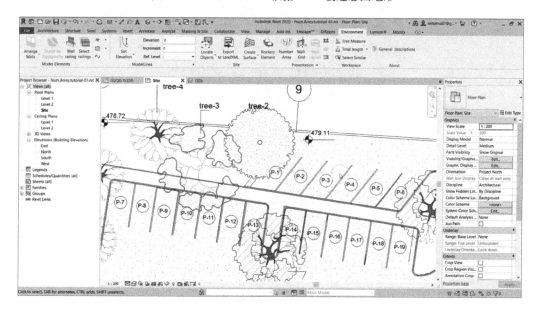

图 9.2-9 Environment 增加构筑物编号

9.3 Diroots

Diroots 是一款基于 Revit 的插件集合，每一个都有独立的功能，可用来应对不同的 Revit 使用环境。

SheetLink

将 Revit 模型数据（按类别、元素、明细表）导出到 Excel 表格，编辑数据并将其导回，以更新模型（图 9.3-1）。

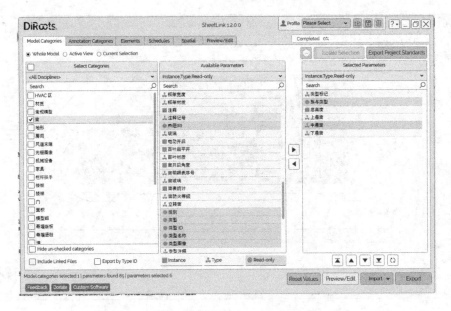

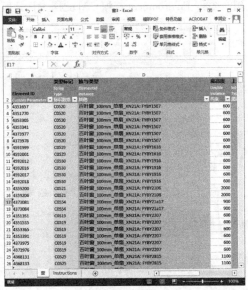

图 9.3-1　SheetLink-批量调整项目族参数

TableGen

将电子表格从 Excel 导入 Revit，作为绘图、图例和明细表视图（图 9.3-2）。

SheetGen

批量创建图纸，根据预定义模板放置视图，并轻松管理图纸修订。将工作表/视图列表导出到 Excel 或从 Excel 导入（图 9.3-3）。

FamilyReviser

管理 Revit 族（导出、重命名、组织）和工作集（图 9.3-4）。

ParaManage

以数据表格的形式管理修改共享参数（图 9.3-5）。

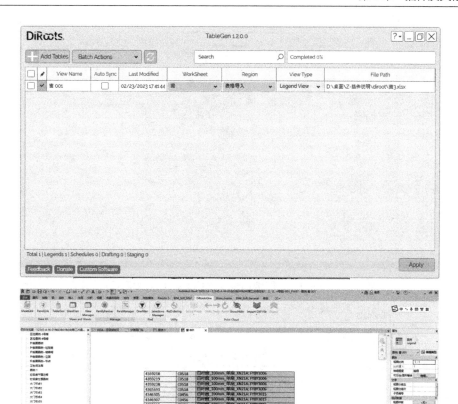

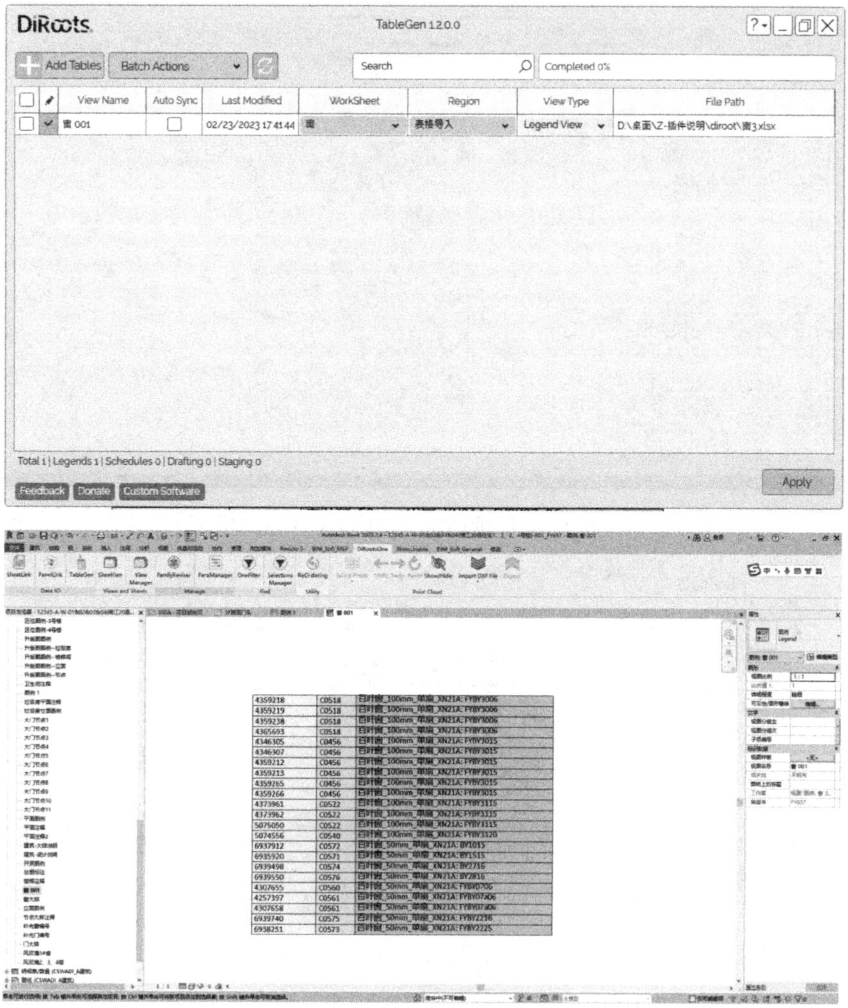

图 9.3-2　TableGen-将 Excel 表格链入 Revit（支持更新）

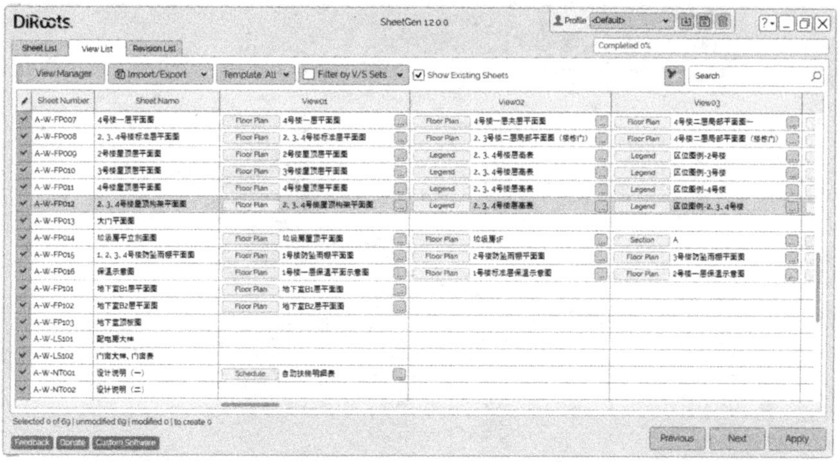

图 9.3-3　SheetGen-图纸调整（支持 Excel 写出写入）（一）

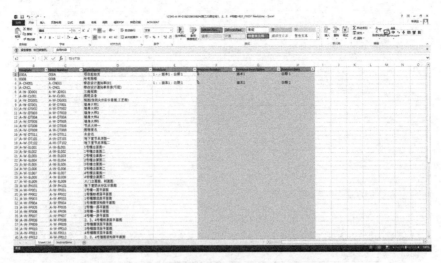

图 9.3-3　SheetGen-图纸调整（支持 Excel 写出写入）（二）

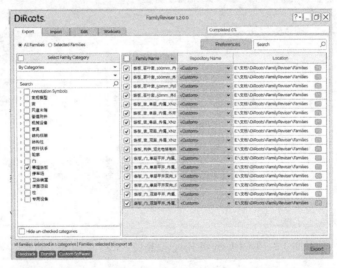

图 9.3-4　FamilyReviser-族库、工作集管理器

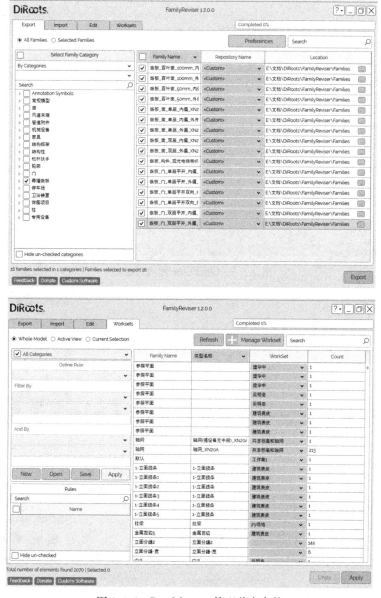

图 9.3-5　ParaManage-管理共享参数

OneFilter

超级过滤器，以更多的过滤条件对选中的构建进行过滤，方便模型调整及修改。
（图 9.3-6）

ReOrdering

构建参数自动编号，例如车位等（图 9.3-7）。

Point Cloud Tools

点云工具，点云查看及导出（图 9.3-8）。

ProSheets

批量同步打印出图、导出 .dwg、.dgn、.dwf 等格式（图 9.3-9）。

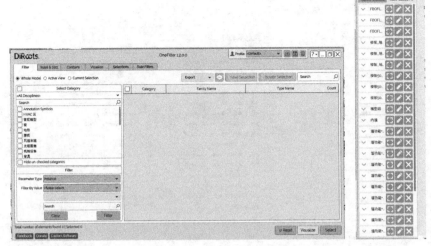

图 9.3-6　OneFilter-超级过滤器

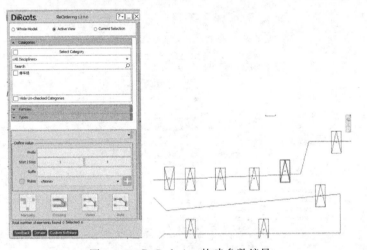

图 9.3-7　ReOrdering-构建参数编号

图 9.3-8　Point Cloud Tools-点云工具

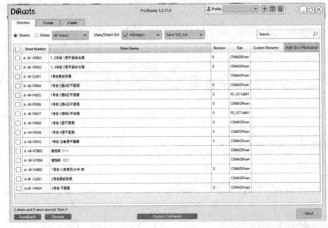

图 9.3-9　ProSheets-打印图纸

9.4　pyRevit

pyRevit 是 Revit 深度用户 Ehsan Iran-Nejad 使用 Python 语言为主开发的针对 Revit 的免费插件。是当前最好的 Revit 综合插件之一。

1. 作为插件，pyRevit 已自带若干针对 Revit 的辅助工具集，如图 9.4-1 所示。

图 9.4-1　pyRevit 自带的工具集

以下列举部分 pyRevit 功能：

填充图案制作（Make Pattern），如图 9.4-2 所示，可以让用户依据自由绘制的图案快速生成自定义的填充图案，甚至可以导出填充格式文件（.pat 文件）：

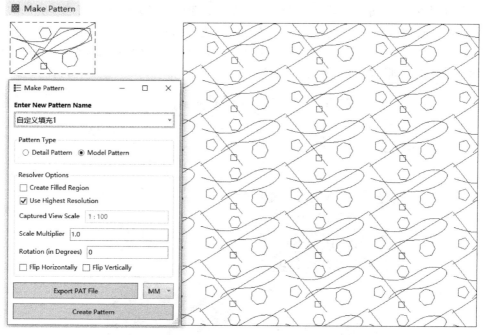

图 9.4-2　填充图案制作工具

同步视图（开关）（Sync Views），打开此功能开关，可以让新激活的平面图（可视区域）与上一个平面图的（可视区域）自动对齐，便于迅速找到不同标高上下对齐的区域，如图 9.4-3 所示。

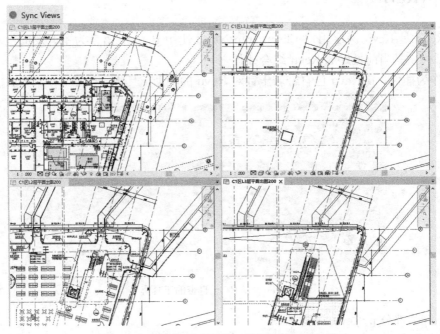

图 9.4-3 同步视图（开关）使各层视图对齐显示

选集记忆工具（组）包括三个按钮：选集新建（MWrite）、选集增补（MAppend）、选集读取（MRead）。使用选集新建可以清除之前的选集记忆并创建当前选择实例的选集记忆，使用选集增补可以将新选的其他实例添加进上述选集记忆中，使用选集读取可以读出这个选集记忆内的所有内容。灵活使用此工具组，即可实现将以不同视图、视角分别选择的实例相加组合到一起，如图 9.4-4 所示。

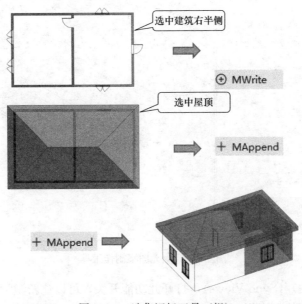

图 9.4-4 选集记忆工具（组）

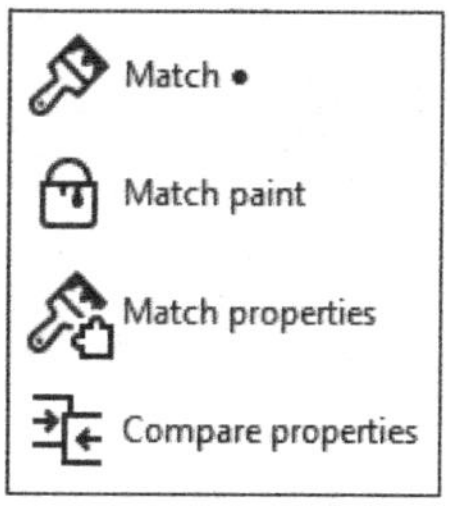

匹配工具（组）包括四个按钮（图 9.4-5）：

匹配（图形设置）（Match），一个实体 A（如墙体）在平面视图中使用了 Revit 的"替换视图中的图形"功能（如替换截面填充样式），使用此工具可以将实体 A 的替换设置，匹配此平面中另外的墙体 B，使墙体 B 显示同样的截面填充样式；

匹配表面填色（Match Paint），类似于吸管和油漆桶，可以吸取实体 A 某一表面的填色（材质），将其应用到实体 B 的某一表面；

匹配属性（Match Properties），可以列出一个实体（Element）或视图（View）的若干属性项，勾选需要的属性项，将其应用到另一个实体或视图；

图 9.4-5 匹配
工具（组）

对比属性（Compare Properties），可以对比两个实体或两个视图的各项属性。

图纸工具集（Drawing Set）包括如图纸、版本、图例、明细表、视图、图纸打印等若干工具，提升设计出图相关操作效率，如图 9.4-6 所示。

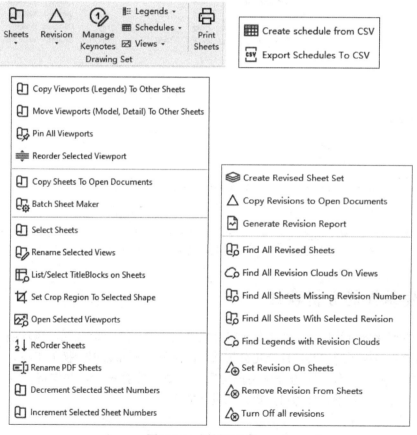

图 9.4-6 图纸工具集

2. 作为平台，pyRevit 允许用户使用 Python 等语言创建自制新工具，并使用 pyRevit 管理这些自制工具。

3. 作为门户，pyRevit 还提供获取其他用户自制工具的扩展接口，使用者可免费在互联网上获取 pyRevit 工具资源，如图 9.4-7 所示。

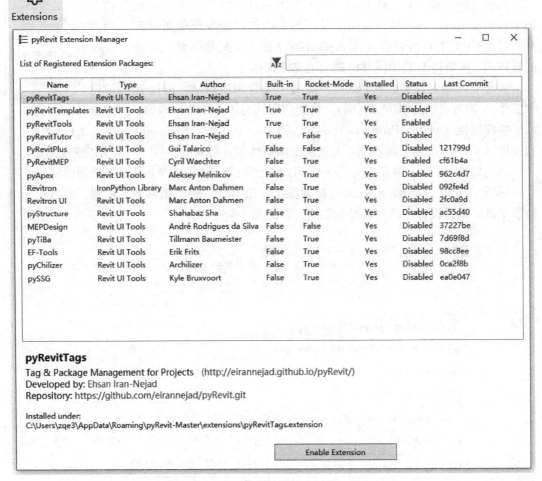

图 9.4-7　自制工具扩展接口（Extension）

9.5　建筑性能分析软件

建筑性能化分析软件，可实现基于设计模型完成对建筑负荷能耗、风环境和建筑采光的模拟分析，减少了通过其他性能化分析软件的重复建模和数据转换的工作，极大地提高了计算效率。目前平台不同的分析模拟均采用权威的计算核心，并支持国内相关计算标准，简单易用，可帮助设计师打造更优的设计方案。

1. 负荷能耗分析

采用 EnergyPlusi 计算内核，主要功能包括自然室温计算、建筑物全年逐时冷热负荷计算、空调系统能耗计算、围护结构热工性能判断、空调系统节能率计算、全生命周期碳排放计算、碳排指标计算（图 9.5-1）。

2. 建筑风环境模拟分析

采用的是 OpenFoam 计算核心，可对建筑室外风环境、建筑室内自然通风、室内空气气流组织、空调室外机进行模拟分析（图 9.5-2）。

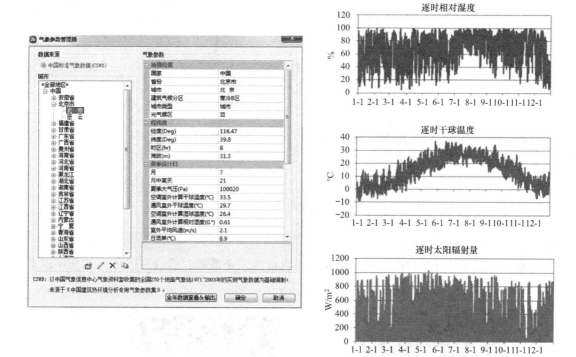

图 9.5-1　鸿业建筑性能分析平台——全年数据可视化

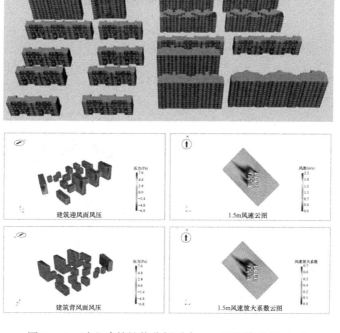

图 9.5-2　鸿业建筑性能分析平台——风环境分析（一）

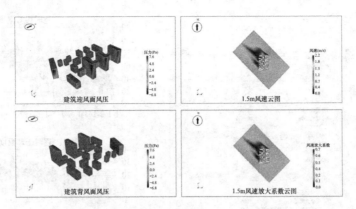

图 9.5-2　鸿业建筑性能分析平台——风环境分析（二）

3. 建筑采光模拟分析

采用 Radiance 计算内核，可分析建筑室内自然采光系数并进行平面分析和全年动态模拟分析，同时结合标准判定结果（图 9.5-3）。

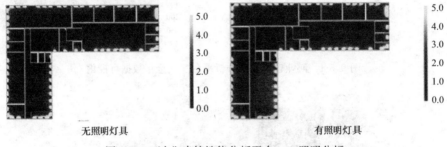

图 9.5-3　鸿业建筑性能分析平台——照明分析

第 10 章

Revit 锦囊合集 **10**

基于 Revit 的正向设计过程中，有很多关于软件操作和专业协同方面的实施规范、技巧和原则。以下列举部分较为常见的原则及技巧，更多的还需要使用者在实际项目中不断总结与更新。

10.1　Revit 软件选项设置

点击 Revit 菜单中的"文件"➤"选项"，设计人员可逐项依据需求在弹出的【选项】对话框中进行设置，下述列举几个比较重要的设置项。

10.1.1　用户名

"常规"项下，默认使用 Windows 登录名作为"用户名"，设计人员可依据需要将其修改为需要的名称。在 Revit 采用中心文件协作设计的方式中，各个设计人员设置唯一且具有识别性的用户名是重要的一环。

需要注意：当计算机登录到 Autodesk 账户时，此用户名将锁定使用 Autodesk 账户设置的用户名。如需更换，点击"注销"后再进行上述操作，如图 10.1-1 所示。

图 10.1-1　锁定的 Revit 用户名

10.1.2　用户文件默认路径

"文件位置"项下，"用户文件默认路径"是 Revit 中心文件协作设计形式下默认的本地文件保持位置，此位置默认为"我的文档"（MyDocuments），而此文件夹下包含许多其他软件的默认路径，不利于 Revit 设计文件的管理。

建议为 Revit 单独设置一个不在系统（C:）盘的路径，在方便设计文件管理的同时，节约 Windows 默认的系统盘空间，如图 10.1-2 所示。

图 10.1-2　修改用户文件默认路径

10.2 CAD 到 Revit

Revit 正向设计可能需将前期（如方案阶段）CAD 成果载入作为其开始阶段的参照。此过程需要注意如下几点：

10.2.1 CAD 文件的预处理

CAD 文件需经过预处理才能顺利载入 Revit 中，预处理步骤如下：

（1）显示和解锁所有图层：将关闭的图层显示出来，将锁定的图层解锁；

（2）炸开嵌套过多的块：不必要的嵌套可炸开，多层嵌套影响 Revit 解析；

（3）取消有遮罩的块：Revit 不支持 CAD 块的遮罩，取消遮罩后删除不需要的部分；

（4）清理不需要的图形和布局：删除不需要载入 Revit 的图形和所有布局，减少文件大小；

（5）处理不必要的填充或调整过于密集的填充：Revit 将 CAD 填充解析为若干单独的线段，调整或删除填充，可减轻 Revit 负担；

（6）天正文件转化为 t3 版本：Revit 不支持天正版本，需转化为 t3；

（7）将图形尽量放置在 0，0，0 坐标附近：Revit 仅可解析一定范围内的 CAD 文件，过度远离 CAD 原点，可能造成载入过程丢失图形；

（8）运行 CAD 清理（purge）和核查（audit）命令：减少文件大小，避免文件错误；

绝大部分 CAD 经过上述预处理，即可正确载入 Revit 中。如依旧出现载入错误，可新建空的 CAD 文件，将原 CAD 图形内容复制到新文件中，并重复上述预处理过程。

10.2.2 链接 CAD 和导入 CAD

CAD 文件可以使用两种方式载入 Revit 中，如表 10.2-1 所示。

（1）链接：点击 Revit 菜单中的"插入"➤"链接"➤"链接 CAD"；

（2）导入：点击 Revit 菜单中的"插入"➤"导入"➤"导入 CAD"。

Revit 链接/导入 CAD 对比 表 10.2-1

方式	链接 CAD	导入 CAD
优点	Revit 文件体积小； 如 CAD 更新，重载链接即可	导入后图形存储于 Revit 中，可抛弃原 CAD 文件
缺点	需保留原 CAD 文件	Revit 文件体积大； 如 CAD 更新，需反复重新导入和定位

Revit 正向设计经验证明：如 CAD 文件作为临时文件，应尽量使用"链接 CAD"；如 CAD 文件作为 Revit 正向设计最终成果的载入文件，则可使用"导入 CAD"。

10.2.3 载入 CAD 设置

无论链接或导入 CAD，在【导入/链接 CAD 格式】对话框下方（图 10.2-1）需注意：

"仅当前视图"：勾选时，CAD 文件以二维形式载入，在三维下不可见，仅出现在当前视图中，不影响其他视图；不勾选时，CAD 文件以三维形式载入，由于 CAD 文件往往

图 10.2-1　链接/导入 CAD 设置

没有"Z 方向"尺寸，因此载入的 CAD 在三维视图下常看上去是一个"扁平图形"，此图形在所有相关视图中可见。此项设置推荐勾选；

"颜色"：决定如何将 CAD 图形原有颜色载入 Revit 中，设计人员可结合自定义的 Revit 背景色选择对比度大的选项；

"图层/标高"：除非已知 CAD 文件且需要导入的图层，否则大部分情况下选择"全部"；

"导入单位"："自动检测"不一定能正确检测出 CAD 文件的单位，推荐依据 CAD 制图单位手动选择；

"纠正稍微偏离轴的线"：此选项纠正 CAD 绘制过程失误而造成偏差的线。可按需选择；

"定位"：除非已知 CAD 文件定位准确，否则使用"手动-中心"选项。

"放置于"：如"仅当前视图"没有被勾选，此选项可以决定将 CAD"扁平图形"放置于哪一个 Revit 标高（level）上。

10.3　Revit 快捷键

快捷键的使用会极大地提升工作效率。将鼠标悬停到功能按钮上，可以看到括号内显示的此功能的快捷键（图 10.3-1）。

点击 Revit 菜单中的"视图"➤"窗口"➤"快捷键"，或直接使用快捷键"KS"，在弹出的【快捷键】对话框中，可查看、定义、导出、导入快捷键设置。附录 D 列举了建筑专业应该掌握的常用快捷键，大部分可结合英文含义进行记忆。

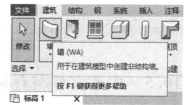

图 10.3-1　悬停显示功能快捷键

10.4　图元不可见

使用 Revit 时常遇到"为什么所有门不见了？"以及"为什么有几堵墙不见了？"等问题；Revit 中某些图元并未删除掉，但在某些视图中却看不见。依据表 10.4-1，检查项可以帮助设计人员找回看不见的图元：

不可见图元检查要点　　　　　　　　　　　　　　　　　　　　表 10.4-1

检查项	描述
1. 类别可见性	检查【可见性/图形】中是否关闭了此类别或其次类别的可见性或设置了线型替换

续表

检查项	描述
2. 单独隐藏	检查此视图是否单独隐藏了目标图元。使用"显示隐藏图元" 💡 协助查看
3. 视图详细程度	切换视图左下方"详细程度"按钮
4. 视图工作集	检查相关工作集可见性是否在当前视图中已经打开
5. 项目工作集	检查【工作集】中，所有工作集是否已经打开载入
6. 视图过滤器	检查【可见性/图形】中是否使用过滤器关闭掉了此图元的可见性
7. 链接文件	检查是否属于链接文件中的构件，而链接文件是否载入和是否在【可见性/图形】打开了可见性
8. 设计选项	检查软件最下方，项目是否使用了设计选项
9. 阶段	检查视图【属性】中最下方，是否使用了阶段化设置和阶段过滤器
10. 视图范围	检查平面视图【属性】中的"视图范围"是否设置正确
11. 视图区域裁剪	检查视图是否应用了裁剪
12. 视图远裁剪	检查立剖面视图，【属性】中的"远裁剪"是否设置正确
13. 遮挡	检查目标图元是否被其他图元遮挡，可将视图设置为线框模式协助检查
14. 线处理	检查目标图元是否被线处理 命令处理为"〈不可见线〉"，再次使用线处理命令，将其处理为"〈按类别〉"即可恢复
15. 检查族	检查目标图元族内设置

10.5　中心文件与存储路径及修复

Revit 中心文件记录了其存储时的位置，后续的访问需使用存储时的"对等路径"，才可以有效地编辑和同步。此特点决定了，若将中心文件以常规的方式进行复制或移动到新的位置，会造成其失效。

一个正常的 Revit 中心文件在【打开】窗口中被选中时，应该呈现如图 10.5-1 所示的状态。

"工作共享"下"从中心分离"处于可选择状态（默认未勾选），同时"新建本地文件"处于可选择状态（默认已勾选）。此时如果点击"打开"按钮，则会在"用户文件默认路径"下创建一个与中心文件内容一致的本地文件，文件名字默认为"中文件名字"_"用户名"。

如果一个 Revit 中心文件在【打开】窗口中被选中时，其"工作共享"处于如图 10.5-2 状态，则不是正常的中心文件：

图 10.5-1　正常中心文件状态

图 10.5-2　异常中心文件状态

可见虽然"工作共享"下"从中心分离"处于可选择状态，但是"新建本地文件"为灰显状态。文件出现此异常状况，常见原因是中心文件当前不位于存储成中心文件的原始路径（如被复制或移动过）。此时仍然可以打开异常的中心文件，但往往会收到异常提示（图 10.5-3），且可能无法进行同步保存工作。

要修正此问题，需打开异常文件后（推荐勾选"从中心文件分离"），点击 Revit 菜单中的"文件"➤"另存为"➤"项目"，在弹出的【另存为】对话框中点击"选项"，在弹出的【文件保存选项】对话框中勾选"保存后将此作为中心模型"（图 10.5-4），点击"确定"，重新保存此文件即可。

图 10.5-3　异常中心文件打开提示　　　图 10.5-4　重新保存中心文件的选项设置

中心文件多存储在服务器上，以保证所有设计人员以"对等路径"访问和编辑。实战中，为了快捷地访问服务器资源，服务器共享文件夹常以网络驱动器的方式映射到各计算机上，并赋予不同的盘符。此时需注意，Revit 对是否为"对等路径"的判断基于映射路径，而不是映射盘符。

举例说明，如服务器计算机名为"rvtfilesrv"，其 IP 地址为"192.168.1.10"，共享文件夹名称为"projdata"。计算机 A 将路径"\\ rvtfilesrv \ projdata"映射为网络驱动器盘符 S:，并在其中创建中心文件。

映射参数　　　　　　　　　　　　　　　　　　　　　　表 10.5-1

计算机	映射盘符	使用映射路径	是否为对等路径
A（创建者）	S:	\\ rvtfilesrv \ projdata	√
B	S:	\\ rvtfilesrv \ projdata	√
C	T:	\\ rvtfilesrv \ projdata	√
D	S:	\\ 192.168.1.10 \ projdata	×
E	T:	\\ 192.168.1.10 \ projdata	×

表 10.5-1 中，除中心文件创建者 A 以外，计算机 B、C 可正常使用中心文件；计算机 D 和 E 虽然可以访问中心文件，但中心文件无法正常工作。

从例子可知，虽然"\\ rvtfilesrv \ projdata"和"\\ 192.168.1.10 \ projdata"两个路径均可访问中心文件，但只有使用与创建中心文件时一致的路径访问，才能使中心文件正常工作（不论计算机将此路径映射为什么盘符）。因此，实战中需首先保证项目组映射服务器路径的一致性。

最后，如果 .rvt 文件在【打开】窗口中被选择时呈现如图 10.5-5 所示的状态，其"工作共享"下两个选项均为灰色不可选状态，则此文件未划分工作集，属于独立文件（常规文件），不能进行多人协同编辑。

图 10.5-5　独立（未划分工作集）文件状态

10.6　中心文件及权限机制

Revit 中心文件协同技术保证多人可以同时在一个中心文件上工作，此时针对各构件的（编辑）权限的管理工作机制就显得非常重要。

首先，对于具体构件，Revit 只允许同一时间段内单个用户对其拥有权限，即当用户 A 在编辑一面墙时，其他任何用户都不能拥有这面墙的权限。

其次，Revit 可以将设计构件放入不同的工作集中。对于不同的工作集，用户还可以统一设置权限归属。

举例说明：在一个办公塔楼的平面中，工作集划分如图 10.6-1 所示，点击 Revit 菜单中的"协作"➤"管理协作"➤"工作集"，可在弹出的【工作集】对话框查看项目所有工作集状态。

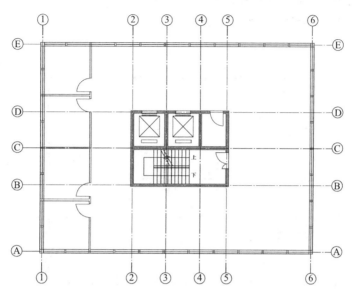

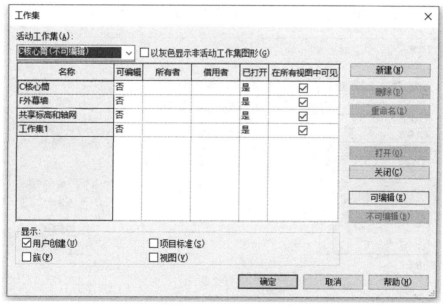

图 10.6-1　工作集划分及常规状态

"共享标高和轴网"：包含项目标高和轴网；

"C 核心筒"：包含塔楼核心筒及其范围内所有构件；

"F 外幕墙"：包含外围幕墙；

"工作集 1"：剩余其他部分，包含核心筒和外幕墙之外使用区域的所有构件。

1. 公共工作集权限机制

常规状态下，每个工作集后面的"所有者"栏下为空白，表示此工作集为"公共工作集"；"借用者"栏下为空白，表示此工作集内所有构件的权限均未被借用（临时占用）。

公共工作集权限原则为"先手借用"——如用户 A 首先发起对核心筒中楼梯的编辑，可立即获得并借用楼梯的权限，如图 10.6-2 所示。

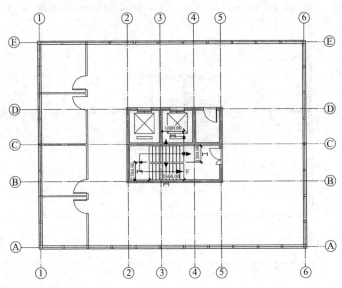

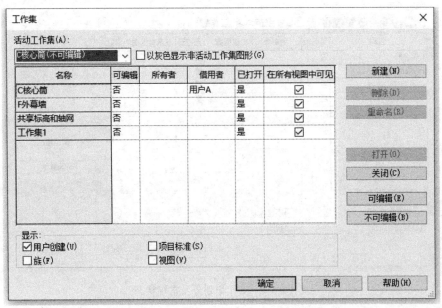

图 10.6-2　用户编辑"公共"工作集

此时【工作集】对话框中，可见楼梯所属的"C 核心筒"工作集后"借用者"栏显示"用户 A"，表示此工作集内有构件（楼梯）的权限被用户 A 借用。此时如用户 B 试图编辑楼梯，Revit 会弹出权限冲突提示（图 10.6-3）。

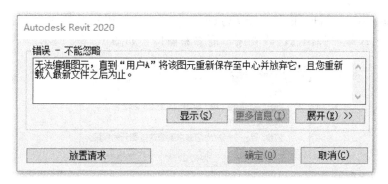

图 10.6-3　Revit 权限冲突提示

用户 A 对楼梯的权限借用直到完成编辑并同步（点击 Revit 菜单中的"协作"➤"协作"➤"与中心文件同步"）后才结束。完成同步后的【工作集】对话框中可见，"C 核心筒"工作集后"借用者"下"用户 A"消失，表示此工作集不再有借用者，工作集恢复公共工作集常态。而用户 B 需进行一次同步（获取用户 A 对楼梯的最新数据）后，即可进行继续对楼梯的编辑（此时，"C 核心筒"工作集后"借用者"下出现"用户 B"，即对楼梯权限赋予用户 B）。

2. 所有者工作集权限机制

上述例子中，标高和轴网确定后很少改动，而整体外幕墙设计往往由专人（如用户 A）独立完成。此时可以将工作集设置为"所有者工作集"。用户 A 在【工作集】对话框中，选择"共享标高和轴网"和"F 外幕墙"后，点击"可编辑"（"可编辑"即为"独占编辑权"）按钮，点击"确定"。

如图 10.6-4 所示，此两个工作集"所有者"显示"用户 A"，表示用户 A 为此两个工作集的长期所有者。所有者工作集没有"先手借用"原则，用户 B 若需编辑此两个工作集

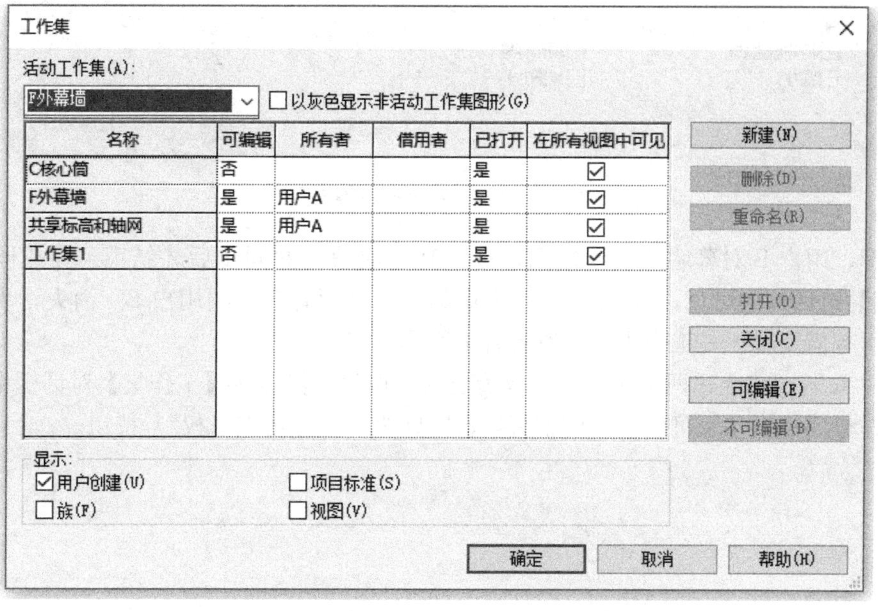

图 10.6-4　设置"所有者工作集"

内的构件（如幕墙），需向用户 A 获取权限——在 Revit 提示权限冲突时点击"放置请求"，此时用户 A 端将弹出【已收到编辑请求】窗口，如图 10.6-5 所示。

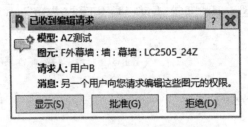

图 10.6-5　已收到编辑请求窗口

用户 A 若允许，可点击"批准"按钮，此时【工作集】对话框中，被请求的工作集"借用者"下出现"用户 B"，表示此工作集内有构件的权限被用户 B 借用，如图 10.6-6 所示：

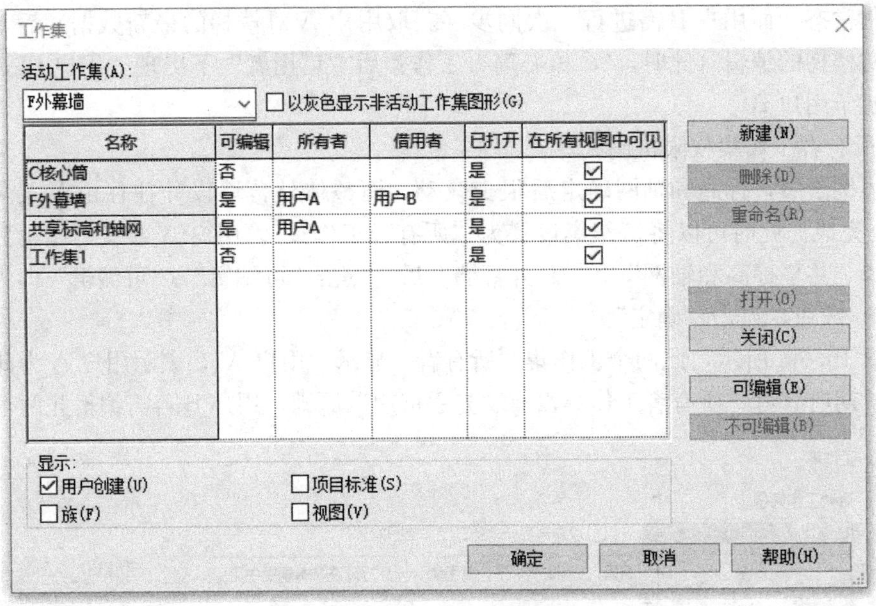

图 10.6-6　所有者工作集的权限借用

同理，用户 B 对幕墙的权限借用，直到其完成编辑并同步后才结束。完成同步后的【工作集】对话框中可见，"F 外幕墙"工作集后"借用者"下"用户 B"消失，表示此工作集不再有借用者——工作集恢复所有者工作集常态。

用户 A 若想将上述两个工作集释放为公共工作集，只需在【工作集】对话框中选择这两个工作集后点击"不可编辑"（"不可编辑"即为"不独占编辑权"）按钮。

附录 A 图 纸 示 例

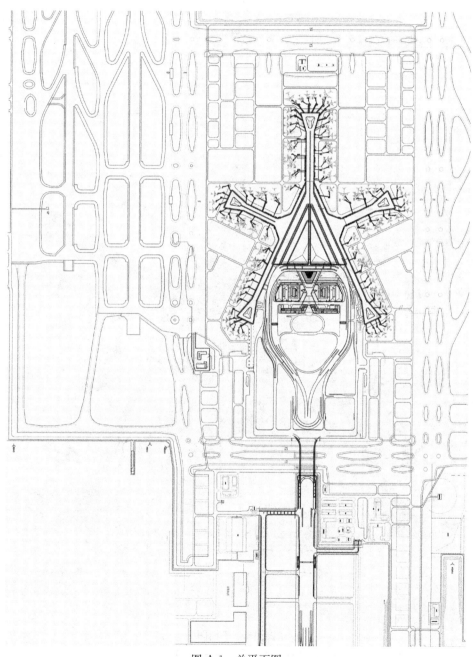

图 A-1 总平面图

(本设计图版权与业主共有)

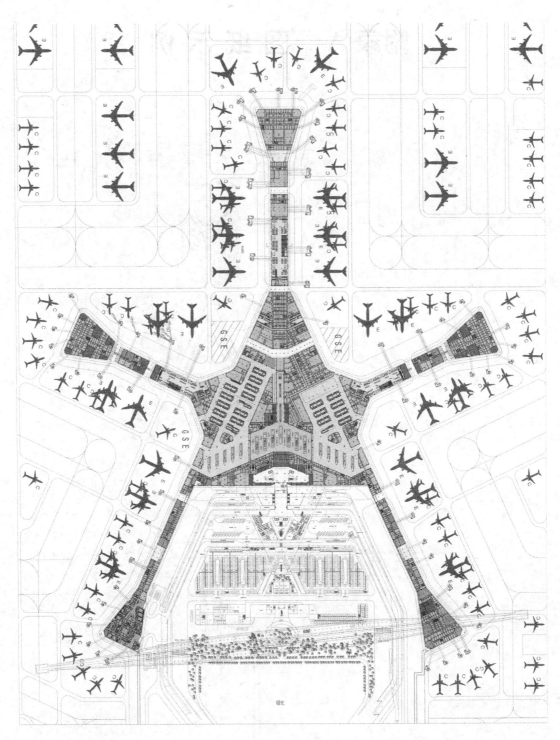

图 A-2 平面图

（本设计图版权与业主共有）

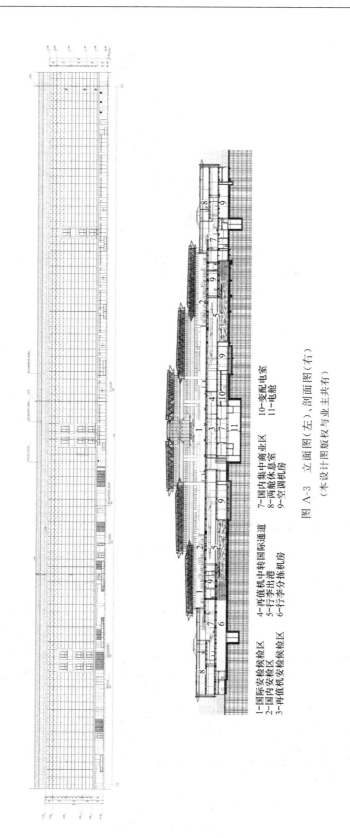

1-国际安检候检区　　4-再值机中转国际通道　　7-国内集中商业区　　10-变配电室
2-国内安检检查区　　5-行李出港　　　　　　8-两舱休息室　　　　11-电舱
3-再值机安检候检区　6-行李分拣机房　　　　9-空调机房

图 A-3 立面图（左）、剖面图（右）
（本设计图图版权与业主共有）

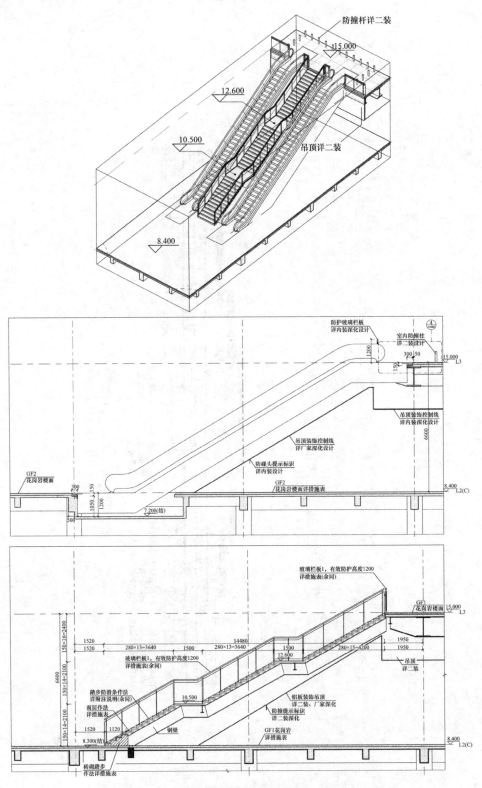

图 A-4 轴测大样图（上）、剖面大样图（中、下）

（本设计图版权与业主共有）

附录 B 项目策划样图及设计计划样表

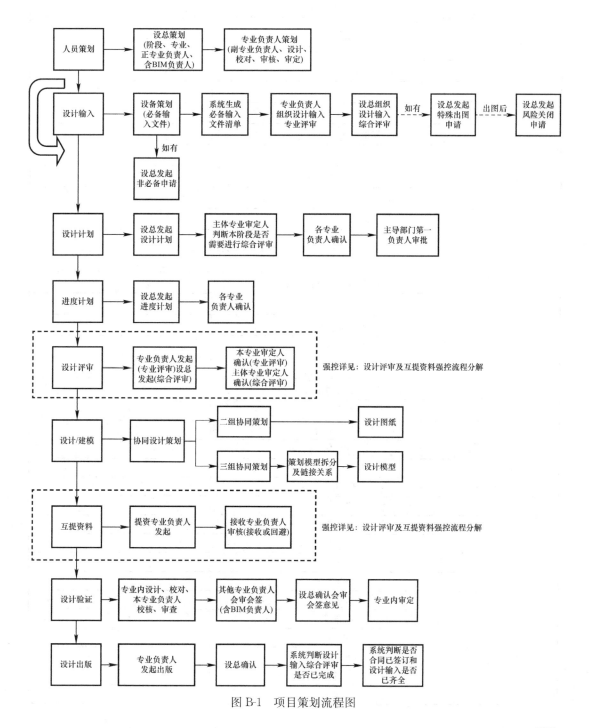

图 B-1 项目策划流程图

设计计划样表 表 B-1

建设工程分部分项		日期线
专业	模型分部分项	提资、接收资料内容
建筑	总图场地及道路	
	平面图	
	立剖面	
	卫生间及楼梯大样	
	电梯，扶梯及自动步道	
	房中房	
	吊顶平面图	
	幕墙	
	屋顶 Revit 模型	
	地下管廊	
	登机桥	
	墙身及详图（罗盘箱）	
	机房大样，门窗大样	
结构	地上平面梁板柱模型	
	楼梯，卫生间	
	电梯，扶梯及自动步道	
	房中房	
	屋顶及钢结构	
	地下管廊	
	登机桥	
	墙身及节点做法	
	机房	
暖通	公区管道综合	
	房中房	
	地下管廊	
	登机桥	
	机房	
水	公区平面	
	房中房	
	地下管廊	
	登机桥	
	机房	
电	平面布置	
	房中房	
	地下管廊	
	登机桥	
	机房	

附录 C 正向设计常见构件级模型单元精度建议等级

建筑专业常见构件级模型单元建议精度等级   表 C-1

构件类别	模型单元		模型精度		
	名称	属性信息	方案	初设	施工图
防火分区	面积区域建模	空间及面积信息	—	●	●
	安全疏散信息	是否设自动灭火系统等	—	●	●
		安全出口个数	—	●	●
房间	空间占位	房间名称，面积等	●	●	●
	装修措施	装修属性信息	—	—	○
	安全疏散信息	人数，疏散门方向等	—	○	●
建筑外墙	体量化建模	表面积信息	●	●	●
	核心层	材质信息、体积信息、是否为防火墙	—	●	●
	面层/保温层	材质信息、面积信息	—	●	●
	其他主要构造层次	材质信息	—	—	○
建筑内墙	体量化建模	表面积信息	●	●	●
	核心层	材质信息，是否为防火墙	—	●	●
	面层	材质信息	—	○	●
	其他主要构造层次	材质信息	—	—	○
建筑柱	体量化建模	—	●	●	●
	核心层	材质信息	—	○	●
	主要装饰构件	材质信息	—	—	○
	面层/保温层	材质信息	—	—	○
门/窗	洞口及尺寸	防火属性信息、防火等级、是否常开	●	●	●
	框材/嵌板	材质信息	—	—	○
	通风百叶/观察窗	材质信息，功能信息	—	○	●
	消防救援窗	防火属性信息、防火等级	—	○	●
屋顶	体量化建模	—	●	●	●
	核心层	材质信息	—	●	●
	(平)屋面坡度	材质信息	—	○	●
	面层/保温层	材质信息、坡度	—	○	●
	其他主要构造层次	材质信息	—	—	○

构件类别	模型单元		模型精度		
	名称	属性信息	方案	初设	施工图
楼/地面	体量化建模	—	●	●	●
	核心层	材质信息	—	●	●
	面层/保温层	材质信息	—	○	●
	其他构造层次	材质信息	—	—	○
幕墙	体量化建模	—	●	●	●
	嵌板	材质信息	—	—	●
	主要支撑构件	材质信息	—	—	●
	支撑构件配件	材质信息	—	—	●
	主要装饰构件	材质信息，功能信息	—	●	●
顶棚	体量化建模	—	○	●	●
	板材	材质信息	—	—	●
	主要支撑构件	材质信息	—	—	○
	洞口，百叶	材质信息，功能信息	—	—	—
	主要装饰及造型构件	材质信息	—	—	●
楼梯	踏步梯段平台体量化建模	—	○	●	●
	踏步梯段平台面层	材质信息，防火属性信息	—	○	●
	踢面 面层	材质信息	—	—	●
	踏面 面层	材质信息	—	○	●
电梯	空间占位	电梯编号，行程高度，底坑，冲顶信息，是否设置对重安全钳	○	●	●
	消防信息	是否消防电梯	—	●	●
扶梯、步道	体量化建模	功能信息	●	●	●
	主要构配件	设备编号，运行高度、运行长度、底坑尺寸信息	○	●	●
	附属配件	材质信息	—	—	○
坡道/台阶	体量化建模	—	○	●	●
	核心层	材质信息	—	●	●
	其他主要构造层	材质信息	—	○	○
	栏杆/栏板	材质信息	—	○	●
散水与明沟	体量化建模	—	—	—	○
	盖板及安装构件	材质信息，功能信息	—	—	○
栏杆	体量化建模	—	○	●	●
	扶手	材质信息	—	○	●
	栏板/护栏	材质信息	—	○	●
	主要支撑构件	材质信息	—	—	○
雨篷	体量化建模	—	○	●	●
	核心层	材质信息	—	●	●
	主要支撑构件	材质信息，功能信息	—	—	○

续表

构件类别	模型单元		模型精度		
	名称	属性信息	方案	初设	施工图
阳台、露台	体量化建模	面积信息	○	●	●
	核心层	材质信息	—	●	●
	其他构造层	材质信息	—	○	○
	主要装饰构件	材质信息，功能信息	—	—	—
压顶	体量化建模	—			●
	核心层	材质信息			○
变形缝	体量化建模	—			
	盖缝板	材质信息			
设备安装孔洞	洞口（>300mm）	功能信息			●
	保护层	材质信息			
各类设备基础	体量化建模	功能信息	—	○	●
	核心层	材质信息，功能信息	—		○
地下防水构造	防水层	材质信息			
	保护层	材质信息			○
	其他主要构造层	材质信息			
管井及附属构筑物	体量化建模	—	—	○	●
	核心层	材质信息，功能信息			●
	主要构造层次	材质信息			
停车位	空间占位	是否为充电车位	—	○	○

结构专业常见构件级模型单元建议精度等级　　　　表 C-2

构件类别	模型单元		模型精度		
	名称	属性信息	方案	初设	施工图
基础	垫层	材料信息	—	—	○
	基础（独立基础、条形基础、筏板基础、桩基础、承台）	材料信息、编号	—	○	○
	防水板	材料信息	—	○	○
	集水坑、排水沟	—			○
	挡土墙	材料信息、编号	—	●	●
钢筋混凝土墙	墙体	材料信息、编号		●	●
	钢骨柱、钢骨梁、钢板	材料信息、编号			●
钢筋混凝土柱	柱	材料信息、编号		●	●
	钢骨柱	材料信息、编号			●
	柱帽	材料信息、编号			●
	柱基	材料信息、编号			●
	梯柱	材料信息、编号			●

续表

构件类别	模型单元		模型精度		
	名称	属性信息	方案	初设	施工图
钢筋混凝土梁	梁	材料信息、编号	—	●	●
	钢骨梁	材料信息、编号	—	—	●
	加腋	材料信息	—	—	○
	梯梁	材料信息、编号	—	—	●
	坡道梁	材料信息、编号	—	—	●
	梁面混凝土矮墙	材料信息	—	—	○
	梁底混凝土挂板	材料信息	—	—	●
钢筋混凝土板	楼、屋面板	材料信息	—	●	●
	梯板、平台板	材料信息	—	—	●
	坡道板	材料信息	—	—	●
	飘窗板	材料信息	—	—	●
	阳台板	材料信息	—	—	●
	空调板	材料信息	—	—	●
	雨棚板	材料信息	—	—	●
	挑板	材料信息	—	—	○
钢构件	钢梁	材料信息、编号	—	●	●
	钢柱	材料信息、编号	—	●	●
	压型金属板	材料信息、编号	—	—	○
	钢结构杆件	材料信息、编号	—	—	●
	钢梯梁、踏步板、平台板	材料信息、编号	—	—	●
	螺栓、节点板、加劲板、缀条、加劲肋、吊件	材料信息、编号	—	—	—
填充墙	构造柱	材料信息、编号	—	—	○
	过梁	材料信息、编号	—	—	—
预留预埋	洞口（>300mm）	—	—	—	●
	预留线盒、预留孔	—	—	—	○
	预埋件	—	—	—	○

给水排水专业常见构件级模型单元建议精度等级   表 C-3

构件类别	模型单元		模型精度	
	名称	属性信息	初设	施工图
供水设备	水箱	规格型号	○	●
	加压设备	规格型号	○	●
加热储热设备	热水器	规格型号	○	●
	换热器	规格型号	○	●
	太阳能集热设备	规格型号	○	●
	热水机组	规格型号	○	●
	热泵机组	规格型号	○	●

构件类别	模型单元		模型精度	
	名称	属性信息	初设	施工图
排水设备	提升设备	规格型号	○	●
	隔油设施	规格型号	○	●
水处理设备	软化水设备	规格型号	○	○
	过滤设备	规格型号	○	○
	膜处理设备	规格型号	○	○
	地下室有害物质去除设备	规格型号	○	○
	消毒设备	规格型号	○	○
冷却塔	冷却塔	规格型号	○	●
消防设备	消防水泵	规格型号	●	●
	高位消防水箱	规格型号	●	●
	消防增压稳压给水设备	规格型号	○	●
	消防水泵结合器	规格型号	—	○
	消火栓	规格型号	○	●
	喷头	规格型号	○	●
	报警阀组	规格型号	○	●
	水流指示器	规格型号	○	●
	试水装置	规格型号	—	○
	大空间智能型主动喷水灭火装置	规格型号	○	●
	固定消防水炮	规格型号	○	●
	细水雾灭火设备	规格型号	—	○
	气体灭火设备	规格型号	○	●
	泡沫灭火设备	规格型号	○	●
	消防器材	规格型号	○	●
管道	立管	系统、材质信息	●	●
	水平管道（＞DN50）	系统、材质信息	●	●
	水平管道（≤DN50）	系统、材质信息	○	●
管道附件	阀门	规格型号	○	●
	仪表	规格型号	○	●
	过滤器	规格型号	○	●
	旋流防止器	规格型号	—	○
	吸水喇叭口	规格型号	—	○
	波纹补偿器	规格型号	○	●
	可曲挠橡胶接头	规格型号	○	●
	金属软管	规格型号	○	●
	清扫口	规格型号	○	●
	检查口	规格型号	—	○
	通气帽	规格型号	○	●
	雨水斗	规格型号	○	●
	套管	规格、类型	○	●

供暖通风与空气调节专业常见构件级模型单元建议精度等级　　表 C-4

构件类别	模型单元		模型精度	
	名称	属性信息	初设	施工图
冷热源设备	冷水机组	型号或代号	○	●
	溴化锂吸收式机组	型号或代号	○	●
	换热设备	型号或代号	○	●
	热泵机组	型号或代号	○	●
	锅炉	型号或代号	○	●
水系统设备	循环水泵	型号或代号	○	●
	膨胀水箱	型号或代号	○	●
	软化水处理器	型号或代号	○	●
	分集水器	型号或代号	○	●
供暖设备	散热器	型号或代号	○	○
	暖风机	型号或代号	○	○
通风及防排烟设备	风机	型号或代号	●	●
	换气扇	型号或代号	○	●
	空气幕	型号或代号	○	●
空气调节设备	空气处理机组	型号或代号	●	●
	风机盘管	型号或代号	○	●
	变风量末端装置	型号或代号	—	●
	多联式空调室外机	型号或代号	○	●
	多联式空调室内机	型号或代号	○	●
管路及管路附件	水管管道	系统、材质信息	○	○
	氟利昂管道	系统、材质信息	—	○
	风管	系统、材质信息	○	●
	水管阀门	型号或代号	—	○
	风管阀门	型号或代号	○	●
	消声器	型号或代号	○	●
风道末端	风口	型号或代号	○	●

电气专业常见构件级模型单元建议精度等级表　　表 C-5

构件类别	模型单元		模型精度	
	名称	属性信息	初设	施工图
高压配电	高压配电柜	编号	●	●
	变电所智能化主机	名称	○	●
	直流屏	编号	○	●
	信号屏	名称	○	●
低压配电	低压配电柜	编号	●	●
	配电箱（含控制箱）	编号	○	●

续表

构件类别	模型单元		模型精度	
	名称	属性信息	初设	施工图
变压器	变压器	编号、容量	●	●
自备电源	自备发电机	编号、主用功率	●	●
	不间断电源装置箱（UPS）	编号、容量	—	○
	应急电源装置箱（EPS）	编号、容量	—	○
照明、开关、插座	消防应急照明和疏散指示灯具	功率、光通量、色温	—	○
	普通照明灯具	功率、光通量、色温	—	○
	开关	规格型号	—	○
	电源插座	规格型号	—	○
	接线盒	规格型号	—	—
防雷、接地	等电位端子箱	名称	—	○
	防雷接闪器	材质、型号	—	—
	防雷引下线	材质、型号	—	—
	接地网	材质、型号	—	—
配电线路	母线槽	型号、载流量	●	●
	电缆槽盒、梯架、托盘	系统、规格	●	●
	线管	材质、规格	—	—

弱电专业常见构件级模型单元建议精度等级　　表 C-6

构件类别	模型单元		模型精度	
	名称	属性信息	初设	施工图
电气消防	火灾自动报警控制系统设备主机	规格型号	●	●
	火灾自动报警控制系统终端装置	规格型号	—	○
	消防应急照明和疏散指示系统集中控制器	规格型号	●	●
	消防电源监控系统设备主机	规格型号	●	●
	电气火灾自动报警系统设备主机	规格型号	●	●
	防火门监控系统设备主机	规格型号	●	●
	防火门监控系统终端装置	规格型号	—	○
公共安全系统	安全防范综合管理系统设备主机	规格型号	●	●
	入侵报警系统设备主机	规格型号	●	●
	入侵报警系统终端装置	规格型号	—	○
	视频安防监控系统设备主机、显示屏	规格型号	●	●
	视频安防监控系统终端装置	规格型号	—	○
	出入口控制系统设备主机	规格型号	●	●
	出入口控制系统终端装置	规格型号	—	○
	电气火灾自动报警系统设备主机	规格型号	●	●
	防火门监控系统设备主机	规格型号	●	●
	防火门监控系统终端装置	规格型号	—	○

续表

构件类别	模型单元		模型精度	
	名称	属性信息	初设	施工图
公共安全系统	安全防范综合管理系统设备主机	规格型号	●	●
	入侵报警系统设备主机	规格型号	●	●
	入侵报警系统终端装置	规格型号	—	○
	视频安防监控系统设备主机、显示屏	规格型号	●	●
	视频安防监控系统终端装置	规格型号	—	○
	出入口控制系统设备主机	规格型号	●	●
	出入口控制系统终端装置	规格型号	—	○

幕墙专业常见构件级模型单元建议精度等级　　　　　表 C-7

构件类别	模型单元		模型精度		
	名称	属性信息	方案	初设	施工图
幕墙	支承龙骨	材质信息	○	○	●
	与主体结构连接件	材质信息、规格型号	—	○	●
	预埋件/后置埋件	材质信息、规格型号	—	—	○
	面板	材质信息、规格型号	○	○	●
	面板与支撑龙骨支撑装置	规格型号	—	—	○
采光顶	支承龙骨	材质信息	○	○	●
	与主体结构连接件	材质信息、规格型号	—	○	●
	预埋件/后置埋件	材质信息、规格型号	—	—	○
	面板	材质信息、规格型号	○	○	●
	面板与支撑龙骨支撑装置	规格型号	—	—	○
雨篷	支承龙骨	材质信息	○	○	●
	与主体结构连接件	材质信息、规格型号	—	○	●
	预埋件/后置埋件	材质信息、规格型号	—	—	○
	面板	材质信息、规格型号	○	○	●
	面板与支撑龙骨支撑装置	规格型号	—	—	○
其他装饰性结构（格栅、包梁包柱等）	格栅型材	规格型号	○	○	●
	支承龙骨	材质信息	○	○	●
	与主体结构连接件	材质信息、规格型号	—	○	●
	预埋件/后置埋件	材质信息、规格型号	—	—	○
	面板	材质信息、规格型号	○	○	●
	面板与支撑龙骨支撑装置	规格型号	—	—	○

附录 D 建筑专业常用 Revit 快捷键

建筑专业常用 Revit 快捷键

表 D-1

中文命令	英文命令	快捷键
开关属性栏窗口	ProPerties	PP/CTRL+1/VP
成组	GrouP	GP
参照平面	Reference Plane	RP
对齐标注	DImension aligned	DI
高程标注	dimension ELevation	EL
文字	TeXt	TX
可见性/图形	Visibility and Graphic	VV/VG
多视窗平铺	Windows Tile	WT
匹配类型属性	MAtch	MA
对齐	ALign	AL
移动	MoVe	MV
偏移	OFfset	OF
复制	COpy	CO/CC
镜像-拾取轴	pick axis Mirror	MM
镜像-绘制轴	Draw axis Mirror	DM
旋转	ROtate	RO
修剪/延伸为角	TRim	TR
拆分打断图元	SpLit	SL
阵列	ARray	AR
锁定	PiN	PN
解锁	UnPin	UP
创建类似	Create Similar	CS
墙	WAll	WA
门	DooR	DR
窗	WiNdow	WN
房间	RooM	RM
房间标记	Room Tag	RT
轴网	GRid	GR
详图线	Detail Line	DL
线处理	LineWork	LW
切换显示隐藏图元模式	toggle Reveal Hidden	RH
视图显示线框模式	WareFrame	WF
视图显示隐藏线模式	Hidden Line	HL
临时隐藏图元	Hide Hide	HH
临时隐藏类别	Hide Categories	HC
临时隔离图元	Isolates elements	HI
临时隔离类别	Isolates Categories	IC
重设临时隐藏/隔离	Hidden Reset	HR
选择全部类似实例	select all SAmilar	SA

注：表中的英文命令中大写字母辅助记忆快捷键

附录 E   专业间提资视图需求样表

结构专业配合提资视图需求表   表 E-1

上游专业	视图类型	视图内容	显示要求
建筑	平面布置	轴网、标高、隔墙/栏杆、房间、降板、洞口、楼梯、坡道、基坑、排水沟、集水坑、侧壁、电/扶梯、改造、净高、水暖电专业相关元素	轴网点划线淡显；标高应同时包含建筑和结构标高；隔墙应能分辨出墙体材料及保温层或外包装饰面板；房间应明确功能，机房有回填应标明回填厚度，有设备基础应在图中示意；降板有填充；洞口虚实线表达清晰，尺寸及定位无零数；有改造有区域应示意出来；净高要求可分颜色区域填充
	结构边界线及降板	结构开洞边线、结构轮廓边界线、降板边线、节点大样结构边线、降板	可将除结构边界线外其他建筑元素淡显或隐藏，所需结构边线亮显；降板有范围填充且标明建筑及结构标高，高亮显示
	防火墙布置	防火墙	防火墙亮显，其他平面元素淡显；能分辨出防火墙墙体材料
给水排水	管线穿梁、结构墙	平面图上显示穿梁墙套管	套管高亮显示，其余元素淡显；套管标出直径及管中心标高
	其他	结构所需水专业的内容还包括水井、卫生间降板、一层降板、地下室集水坑及排水沟、水池、水处理机房、屋顶水池、立管位置、水池取水口等，这些内容由水专业先提资建筑，经建筑专业处理后表达在建筑平面图上提资给结构	
暖通	管线穿梁、结构墙	平面图上显示穿梁墙套管	套管高亮显示，其余元素淡显；套管标出直径及管中心标高
	其他	结构所需暖通专业的内容还包括风井、各类机房回填厚度及设备基础布置，这些内容由暖通专业先提资建筑，经建筑专业处理后表达在建筑平面图上提资给结构	
电气	管线穿梁、结构墙	平面图上显示穿梁墙套管	套管高亮显示，其余元素淡显；套管标出直径及管中心标高
	其他	结构所需电气专业的内容还包括电井、各类机房回填厚度及设备基础布置，这些内容由电气专业先提资建筑，经建筑专业处理后表达在建筑平面图上提资给结构	

给水排水专业配合提资视图需求表   表 E-2

上游专业	视图类型	视图内容	显示要求
建筑	建筑平面图	房间功能、门（其中防火门需标出）、窗、楼板标高标注、降板区域填充以及降板处标高标注，用水点位与卫生器具布置，大型设备占位示意、轴间距、防火分区示意图、修改处圈注	1. 比例应与接收专业平面视图比例一致；2. 只保留轴间距尺寸标记，删除或隐藏细部标记
结构	结构平面布置	结构柱、剪力墙、构造柱、开洞、梁尺寸标注	
暖通	平面布置	机房用水排水要求 大型设备需反映至建筑底图	文字圈注
电气	平面布置	大型设备反映至建筑地图	文字圈住

给水排水专业出图提资视图需求表   表 E-3

上游专业	视图类型	视图内容	显示要求
建筑	建筑平面图	房间功能、门（其中防火门需标出）、窗、楼板标高标注、降板区域填充以及降板处标高标注，用水点位与卫生器具布置，大型设备占位示意、轴间距、防火分区示意图、修改处圈注	1. 比例应与接收专业平面视图比例一致； 2. 只保留轴间距尺寸标记，删除或隐藏细部标记
结构	结构平面布置	结构柱、剪力墙	
暖通	平面布置	大型设备需反映至建筑底图	
电气	平面布置	大型设备需反映至建筑底图	

暖通专业配合提资视图需求表   表 E-4

上游专业	视图类型	视图内容	显示要求
建筑	建筑平面图	房间功能、门（其中防火门需标出）、窗（与暖通防排烟相关开窗面积信息需标出）、楼板标高标注、大型设备占位显示（如配电房的配电柜、变压器，柴油发电机、生活水箱等）、轴间距、防火分区示意图、修改处圈注	比例应与接收专业平面视图比例一致
结构	结构平面布置	结构柱、剪力墙、构造柱、开洞、梁尺寸标注	
给水排水	平面布置	需气体灭火区域圈注； 其他需与暖通专业配合的要求标注； 大型设备需反映至建筑底图	
电气	平面布置	设备用房发热量、温度要求等标注； 其他需与暖通专业配合的要求标注； 大型设备需反映至建筑底图	

暖通专业出图提资视图需求表   表 E-5

上游专业	视图类型	视图内容	显示要求
建筑	建筑平面图	房间功能、门（其中防火门需标出）、窗、楼板标高标注、大型设备占位显示（如配电房的配电柜、变压器，柴油发电机、生活水箱等）、轴间距、防火分区示意图	1. 比例应与接收专业平面视图比例一致； 2. 只保留轴间距尺寸标记，删除或隐藏细部标记
给水排水	平面布置	大型设备需反映至建筑底图	
电气	平面布置	大型设备需反映至建筑底图	

电气专业配合提资视图需求表   表 E-6

上游专业	视图类型	视图内容	显示要求
建筑	平面图	房间名称，房间面积，门（防火门；常开、常闭），窗（电动窗、电动排烟窗），防火卷帘； 标高、轴网； 防火分区及消防疏散示意图； 修改处圈注	1. 比例应与接收专业平面视图比例一致； 2. 只保留轴间距尺寸标记，删除或隐藏细部标记
结构	平面图	结构板、结构墙、结构柱； 结构梁：位置、尺寸、高度； 结构缝的位置及宽度； 结构洞口	

上游专业	视图类型	视图内容	显示要求
给水排水	平面图	用电设备名称、位置、编号、用电量、电压、控制方式； 消防联动设备位置、控制要求； 楼控设备位置、控制要求； 水表位置	
暖通	平面图	用电设备名称、位置、编号、用电量、电压、控制方式； 消防联动设备位置、控制要求； 楼控设备位置、控制要求； 热力表位置	

电气专业出图提资视图需求表　　　　　　　　表 E-7

上游专业	视图类型	视图内容	显示要求
建筑	平面图	房间名称，门（防火门；常开、常闭），窗（电动窗、电动排烟窗），防火卷帘； 标高、轴网； 防火分区及消防疏散示意图	1. 比例应与接收专业平面视图比例一致； 2. 只保留轴间距尺寸标记，删除或隐藏细部标记
结构	平面图	结构竖向构件，填充	
给水排水	平面图	用电设备编号、用电量； 消防联动设备位置； 楼控设备位置； 水表位置	
暖通	平面图	用电设备编号、用电量； 消防联动设备位置； 楼控设备位置； 热力表位置	

参 考 文 献

［1］ 李云贵. 建筑工程设计 BIM 应用指南（第二版）［M］. 北京：中国建筑工业出版社，2017.

［2］ 建筑信息模型设计交付标准：GB/T 51301—2018［S］. 北京：中国建筑工业出版社，2018.

［3］ 建筑信息模型应用统一标准：GB/T 51212—2016［S］. 北京：中国建筑工业出版社，2016.

［4］ 建筑工程施工信息模型应用标准：GB/T 51235—2017［S］. 北京：中国建筑工业出版社，2017.

［5］ 建筑工程设计信息模型制图标准：JGJ/T 448—2018［S］. 北京：中国建筑工业出版社，2018.

［6］ Autodesk. 帮助文档-有关族［EB/OL］.［2023-9-8］. https：//knowledge. autodesk. com/zh-hans/
support/revit-products/learn-explore/caas/CloudHelp/cloudhelp/2022/CHS/Revit-Model/files/GUID -
6DDC1D52-E847-4835-8F9A-466531E5FD29-htm. html.

［7］ Autodesk. 帮助文档-关于共享坐标［EB/OL］.［2023-9-8］. https：//knowledge. autodesk. com/zh-
hans/support/revit-products/learn-explore/caas/CloudHelp/cloudhelp/2021/CHS/Revit-Collaborate/
files/GUID-B82147D6-7EAB-48AB-B0C3-3B160E2DCD17-htm. html？ us ＿ oa ＝ akn-us&us ＿ si ＝
312a8284-2a53-4cc7-b618-34f49b8b277a&us ＿ st ＝ ％ E5 ％ 85 ％ B1 ％ E4 ％ BA ％ AB ％ E5 ％ 9D ％ 90 ％
E6 ％ A0 ％ 87.

［8］ Autodesk. Help-GeometryObject Class［EB/OL］.［2023-9-8］. https：//help. autodesk. com/view/
RVT/2022/CHS/？ guid＝Revit_API_Revit_API_Developers_Guide_Revit_Geometric_Elements_Ge-
ometry_GeometryObject_Class_html.

［9］ Rhino. Help-Command List［EB/OL］.［2023-9-8］. http：//docs. mcneel. com/rhino/5/help/en-us/
commandlist/command_list. htm.

［10］ Rhino Developer. General Guides-Rhino Technology Overview.［EB/OL］.［2023-9-8］. https：//
developer. rhino3d. com/guides/general/rhino-technology-overview/.

［11］ Rhino. Inside. Guides-Overview［EB/OL］.［2023-9-8］. https：//www. rhino3d. com/inside/re-
vit/1. 0/guides/revit-revit＃the-element-dna.

［12］ Rhino. Inside. Guides-Grasshopper in Revit［EB/OL］.［2023-9-8］. https：//www. rhino3d. com/
inside/revit/1. 0/guides/rir-grasshopper.

［13］ Rhino. Inside. Guides-Element Tracking［EB/OL］.［2023-9-8］. https：//www. rhino3d. com/in-
side/revit/1. 0/guides/rir-grasshopper＃element-tracking.

［14］ Rhino. Inside. Guides-Rhino to Revit［EB/OL］.［2023-9-8］. https：//www. rhino3d. com/inside/
revit/1. 0/guides/rhino-to-revit.

［15］ ArchIntelligence. User Guide-Environment for Revit［EB/OL］.［2023-4-13］. https：//archintelli-
gence. com/user-guide/＃Topography.

［16］ JoyBiM. BIM 杂谈 | 2002—2020，BIM18 周年［EB/OL］.［2023-9-8］. https：//mp. weixin. qq.
com/s/uv-zaESqTa-qBd33nwL4rg.

［17］ 广联达. 建筑性能分析平台.［EB/OL］.［2023-9-11］. https：//design. glodon. com/＃/product-
Details/gdbpa.

［18］ Diroots. Tutorials.［EB/OL］.［2023-9-11］. https：//diroots. com/tutorials/.

［19］ D5 渲染器. 教程-D5 渲染器［EB/OL］.［2023. 09-11］. https：//cn. d5render. com/tutorial/.

［20］ Twinmotion. Twinmotion 2023. 1 Documentation［EB/OL］.［2023. 08. 11］. https：//www.
twinmotion. com/en-US/docs/2023. 1/.

［21］ Enscape3D. ENSCAPE FOR REVIT［EB/OL］.［2023-8-10］. https：//learn. enscape3d. com/
knowledge-base-revit/.